鷲崎式《すさきしき》

毎日5分で月に28万円稼ぐ方法!!

袋とじ付き
誰でも6時間で
３０万円稼ぐ方法

パソコン一台で、誰でも起業することができる

鷲崎健二
kennji susaki

太陽出版

はじめに

今、この本を手にしていただいたあなたが

■仕事に追われるような毎日から抜け出したい
■人より裕福な生活がしたい
■リスクなしで、収入を手に入れる方法が知りたい
■仕事の給料とは別に副収入が欲しい
■自分の時間を確保しながら、副収入を手に入れたい
■主婦、学生、会社員、ニート、フリーター、誰でもできる副業を探している
■家にいながら収入を得たい

のうち、一つでも当てはまることがあったら、この本は、必ずあなたの力になるための1冊

です。

とはいえ、

「今さらインターネットビジネスなんて、儲かるはずがない」

「インターネットビジネスなんて、うさんくさい」

「インターネットビジネスをやったけど、損をした」


と思う方もいるかもしれません。


なにより、私自身が、はじめはそうでした。

けれど現在、インターネットビジネスで成功し、**年間2000万円以上も稼いで**いるのです。

しかも、**ラクして稼ぐ**ことができているのです。

申し遅れました。私は、鷲崎健二と申します。

現在、インターネットで情報を販売する「情報起業」というビジネスを中心にした会社を経営しています。

大学時代は、つねに教授たちから、「社会にでたらイチバン苦労する」「話し方もなってない」と言われていました。

そのため卒業後は、工場でレーン作業の仕事をして、朝から晩まで上司に愚痴を言われる毎日。楽しみと言えば帰りの居酒屋と、一週間に一度の休みのみで、どこにでもいる一般的なサラリーマンでした。

けれど、ある時、本書でこれから紹介します**情報商材アフィリエイト**を知り、それから毎日、いろいろな方法を調べては実行し続けたのです。

その結果、一年もたたないうちに、１日たったの20分の作業で月１８０万円も稼げるようになったのです。

そして今では

■上司にコキ使われる生活から抜け出せた
■行きたい時に、行きたいだけ海外旅行に行けるようになった
■値段を気にすることなく高級レストランで食事ができるようになった
■家族や友人に旅行や食事などをおごることができるようになった

のような生活を送っています。上記にあげたことは、ほんの一部ですが、今までの生活とは180度違う暮らしを手にすることができたのです。

私は、インターネットビジネスで成功しているワケですが、この分野の第一人者ではありませんし、むしろ、遅咲きです。

では、どうやって成功することができたかと言いますと——

それまで世にでていたインターネットビジネスの本を読み、自分にできることだけを選んで、

それを真似してやり続けただけなのです。とりたてて難しいことやオリジナル法を生みだすために、時間を割いたり、苦労したワケではないのです。

インターネットビジネスといいますと、難しそうと懸念する方もいるかしれません。けれど、こんな私がやって成功できているのですから、決して難しいものではないのです。ただ、現在の私のように月に180万円以上を稼ぐとなると、それなりに本気でやらないと稼げないのは事実です。

そこで、この本では、年収2000万円などという大金を儲けるような方法を紹介するワケではありません。**月28万円、確実に稼げる方法**をお伝えします。

みなさんの多くは、お金は稼ぎたいけれど、今の仕事を辞めてまで何かを始める勇気はない、ましてや金銭的なリスクなんて絶対背負いたくないはずです。また、自由な時間は確保したいけれど、このままだと将来不安……という人も多いかと思うのです。

ですので、本書では、そんな悩みを抱えている人にむけて、**誰でも、資金をかけず、ラクしてお金を稼げる方法**を紹介しようと思います。

ちなみに、私がこれから紹介するお金を稼ぐ方法を、友人や知人に教えたところ、ほとんどの人が毎月50万円以上稼げるようになりました。

そのため、これまでに数多く出版されている「月〇〇〇円稼げる方法」といった類の本の中でも、本書でお教えする方法が、最も確実だと自負しています。

まずは、この本に書いてあることを章に沿って実践してください。この本に書いてある方法を守って続けてさえいれば、誰しも確実に儲けることができるのです。

また、今すぐお金を儲けたいという人は、この本の袋とじ『誰でも6時間で30万円を手に入れる方法』を活用してください。袋とじ『誰でも6時間で30万円を手に入れる方法』には、すぐに30万円を手に入れることができるノウハウが納めてあります。

サラリーマンをしながら、専業主婦をしながら、今の生活の中の余った時間を使っていってみてください。毎日30分だけでいいのです。また、毎日続けていれば、いずれ本書の題名に書いてあるように毎日5分の作業でお金を儲けることができるようになります。けれど、やる気がない時に無理をして行う必要はありません。

インターネットビジネスがはじめての人、副業として稼ぎたい人、専業主婦の方、年金生活の人など、誰でも、無理なく、ラクにお金を稼げる方法が、鷲崎式なのです。

目次

第二章　情報商材アフィリエイトを成功させるブログ（FC2ブログ）攻略法 33

第一章
インターネットを使ったビジネスの素晴らしさ

パソコン1台から、誰でも起業することができる

私がインターネットビジネスと出会ったのは、今から4年前、まだ大学生の頃です。知り合いの社長に、インターネットで商売をやってみないかと誘われた私は、ラクして稼げるならと思い、右も左もわからないまま始めることにしたのです。

けれど当時私は、パソコンさえも持っていませんでした。そのため、社長に**パソコン1台を与えてもらい、インターネット回線を引いてもらいました。これが、私のインターネットビジネスの始まりです。**

仕事内容はというと、インターネットオークションを使った商品取引でした。これは、実際に商品を仕入れてからオークションで売って、お金を稼ぐというものです。

社長から販売するための商品をドッサリ買い上げて、オークションで売ってはみたのですが、販売するノウハウもない私は、あっという間に大失敗。

残ったのは大量の在庫と、300万円の借金、パソコン1台だけでした。

かくして、私のスタートは大失敗となってしまいましたが、インターネットビジネスは、パソコン1台さえあれば、誰でも簡単に始めることができるのは、確かなのです。

リスクゼロで起業することができる

インターネットオークションを使った商品取引で大失敗をしてしまった私に、資金があるはずもありません。そこで、**資金ゼロで、以前のようなリスクを背負わずに起業できないものかと考えていた時に出会ったのが、アフィリエイト**です。

第二章で詳しく述べますが、これは、広告主に代わって、インターネット上で商品やサービスを宣伝し、売れたり登録されたら報酬がもらえるという仕組みです。

同じインターネットを使ったビジネスでも、**アフィリエイトは、最初に売るための商品を買ったり、在庫を背負うこともなく、とにかくお金を一銭もかけずに始めることができる**のです。

サラリーマンの方の場合、お金は儲けたいものの、なけなしのお小遣いは一銭も無駄にしたくないでしょうし、ましてや私のように金銭的なリスクを抱えるなんて絶対に避けたいはずです。

けれど、アフィリエイトなら、そのような心配は全くいりません。気合をいれたり、覚悟を決める必要もないのです。資金ゼロ、リスクゼロで、始めることができるのです。

コネなしで起業することができる

最初、私がインターネットビジネスで失敗してしまったのは、知り合いの方の紹介を受け、そのルートを頼りにしていたからだと思います。

確かに起業するとなると、多少なりとも「人とのつながり＝コネ」が必要になってきます。

けれど、**インターネットビジネスを始める場合、そのようなコネは一切いりません。1台のパソコンにインターネットさえつながっていればいいのです。**むしろ私のようにコネを使ってしまうと、それに頼ってしまったり、プレッシャーにもなりかねません。

ですので、私はアフィリエイトを始めた時は、知り合いの紹介や人脈があったワケではありません。なんのコネもない状態で始めたのです。けれど、結果として、それで大成功しています。

そのため、インターネットビジネスには、コネはなくても心配無用、むしろ必要ないくらいです。

誰にも拘束されることなく自由な時間でできる

私は、ロン毛で茶髪、黒のスーツが基本です。こんな身なりですので、ホストに間違えられることもよくあります。

けれど、私の仕事のスタンスは、束縛されずに、ラクして稼ぐこと。髪の毛を切ったり、格好を変えたり、ましてや自由な時間を削ってまでも、稼ごうとは思いません。

インターネットビジネスには、拘束も制約もないのです。

インターネットにつながったパソコン1台さえあれば、いつでもどこからでもビジネスになるのです。ですから、こんな私でも続けられるのです。

サラリーマンの方は、自由な時間と引き替えにしてお金を稼いでいるのに、上司に言われたことがストレスになったり、仕事に追われて疲れが溜まったりもするかと思います。

けれど、インターネットビジネスの場合、毎日決まった時間に仕事をするワケでも残業があるワケでもなく、上司に小言を言われることもないのです。私のような身なりでも、スエットやパジャマでもいいのです。

時間にも人にも拘束されず、自分のやりたい時にだけ、やりたい分だけ行えるビジネスなのです。

副業として、ラクしてお金を稼ぐことができる

現在私は、好きなことをやって、好きな時間に仕事をして、稼いでいます。やる気がない時は仕事をしない日もあります。

ほとんどの方の本業は、そうはいかないと思います。多かれ少なかれ我慢しながら働いているのではないでしょうか。

けれど私は、自由だからといって、私のようにインターネットビジネスを本業として勧めるワケではありません。こんな時代ですので、今の本業を辞めることには抵抗があるかと思いますし、現在の生活そのものは変えたくない方もいると思います。

ですので、**インターネットビジネスは本業ではなく、今の仕事をしながら、あくまで副業として始めること**をお勧めします。時間を拘束されたりノルマがあるワケでもなく、気のむく時間に、好きな分だけ行えるので、副業としては、なんの問題もないのです。

サラリーマンの方はもちろん、専業主婦の方、フリーターの方、年金生活の方など、どなたでも行っていただけます。

ただし、初めは**1日30分を目標に続けること**をお勧めします。そうすると、より早くお金を儲けることができるからです。また、毎日続けていれば、いずれ本書の題名に書いてあるように毎日5分の作業でお金を儲けることができるようになります。でも、決して無理をする必要はありません。

やればやるほど自然とお金がついてくるので、どんどん楽しくなっていく副業なのです。

個人が大企業と同じ戦場&戦略で勝負することができる

普通、大企業が広告を出すとなると、テレビCMや雑誌、折込広告、看板など莫大な費用をかけて宣伝します。また、小さな会社ででも、たとえばお客さんにDMを送るとなれば、切手代、封筒代、紙代などがかかってしまいます。

個人で普通に起業した場合、資金がなければ、大企業と戦うどころか、小さな同業者の足元にも及ばないものです。

けれど、インターネット上の広告宣伝というのは、その手法さえ知っていれば、お金をかけなくても、たくさんの方に見ていただくことが可能なのです。つまり、**資金がなくても、インターネット上であれば、簡単に広告が出せ、大企業と同じ戦場で、しかも同じ宣伝戦略で戦うことができる**のです。

無料システムを使って簡単にできる

インターネットビジネスは、インターネット上にあるシステムを利用して簡単に稼げる方法がいくつかあります。その中には**無料と有料システムがある**のです。

普通、無料と有料では、無料のほうが内容が劣る、扱いにくいと思われがちですが、インターネットビジネス、とりわけ**アフィリエイトの場合、最初は無料システムで十分**に活用できます。

というのも、私はアフィリエイトを始めるときに、なんせ借金がありましたので「無料システム」に徹底的にこだわりました。「無料アフィリエイト」と何度も検索エンジンにかけ、さまざまな無料システムを探しだしたのです。

そして、アフィリエイトの無料システムだけを利用して、すぐに儲けることができたのです。

さすがに今は、規模が大きくなってしまったので、有料システムを使うこともありますが、アフィリエイトを始める時は、無料システムだけを利用すればいいのです。無理をして有料システムを使って、無駄なお金を使う必要はありません。あくまでも、資金はゼロでいいのです。

リスクを伴うインターネットビジネスは絶対に避ける

ここまで、インターネットビジネスの素晴らしさを述べてきましたが、ここからは、私の経験を通して得た、インターネットビジネスを成功させるためのコツをお話します。

まず始めに、**リスクを伴うインターネットビジネスは絶対にしない**ということです。私が最初に行ったインターネットオークションを使った商品取引のように在庫や借金を抱えてしまったら、なんのために副業したのかわからなくなってしまいます。また、副業をして大きなリスクを背負ってしまったら、儲けるどころか、今の生活よりも苦しくなるだけです。

そこで、インターネットビジネスの中でも、私が勧めるのは、**情報商材アフィリエイト**です。

第2章で詳しく述べますが、情報商材アフィリエイトは、インターネットビジネスの中でも最もリスクが少なく、簡単に儲けることができるのです。また、情報商材アフィリエイトを活かして、より報酬を手にすることができる情報起業も行うことができるのです。

多くの時間を費やすインターネットビジネスは避ける

インターネットビジネスを成功させるには、何より続けることが大切です。

そうとはいえ、多くの作業時間を費やすようなインターネットビジネスは、長続きしません。また、多くの時間を費やしてもお金が儲からなければ、意味がないのです。

私が勧めする情報商材アフィリエイトにも、たくさんの方法が紹介されています。中には、作業にとても時間がかかるものや、効率の悪い運用法もあります。

大きな収入が見込めそうだから……と時間を費やす方法で始めてしまうと、最初はいいとしても、次第にめんどくさくなり、結局続かなくなってしまうのです。

多くの人が日記が続かないように、同じ作業を続けることはむずかしいものです。作業に時間がかかるものであれば、なおさらです。ですので、インターネットビジネスを途中で断念しないためにも、やたらと時間を費やすような方法は避けることです。

私の紹介する情報商材アフィリエイトの方法ですと、**毎日たった30分だけ作業を行えばいい**ので、無理なく続けることができるのです。

また、毎日続けていれば、いずれ本書の題名に書いてあるように毎日5分の作業でお金を儲けることができるようになります。

インターネットビジネスは、無理をせず、やり続けること

この本を手にしていただいている方は、多少なりともインターネットビジネスに興味がある方だと思います。

私が本書で紹介する方法以外に、もしもご自身が気になっているインターネットビジネスがあれば、まずは、**1度チャレンジしてみること**です。

そして、それが時間を費やすものなのか、簡単なものなのかを見極めるべきです。なぜなら、人によって費やす時間や難易さは変わってくるからです。実際にやってみて、その作業がとても苦痛だったり、すごく時間を費やしてしまうようであれば、その時点で、極力やめることです。

自分が簡単だと思えるものだけを選ぶことです。

インターネットビジネスは副業ですが、あなたのがんばり次第でいくらでも稼ぐことが可能です。けれど、寝る時間や家族と過ごす時間、自由な時間を削ってまでも行う必要はないのです。そんなことをしたら、３日ともたなくなってしまいます。

無理をしてやるのではなく、自分の生活リズムに合わせて、簡単だと思うものだけを続けていけば、インターネットビジネスは必ず成功するのです。

インターネットビジネスを成功させるための心構え

情報商材アフィリエイトを行っている人は大勢います。それだけに他人と同じことをやっていたのでは、儲けることができないのでは?と思うかもしれません。

けれど、私自身がそうであったように、**後から始めても確実に儲けることができる**のです。他人と同じことでも、成功するコツさえわかれば、誰でも報酬が手に入ります。

また、これまで、情報商材アフィリエイトを行って失敗した人も、本書の内容を実践していただければ、確実に成功します。

今まで成功しなかったのは、その方法が間違っていたのはもちろんですが、もしかすると意識の問題だったのかもしれません。

これは、私からのお願いでもあるのですが、本書に書いてあることを実践する際「**必ず稼げる」という意識**を持ってください。

もしかすると稼げないかも……といった中途半端な気持ちのまま本書で紹介する方法を実践しても、途中で諦めてしまい、結果、情報商材アフィリエイトを成功することができなくなってしまいます。

第2章以降にまとめた実践法に取り組む前には、なんの目的でインターネットビジネスを始めるのかを、再度確認してください。

■安定した収入を手に入れたいから

■少しでも生活を豊かにしたいから
■お金を儲けて自由な生活を手にいれたいから
■趣味として挑戦してみたいから

など、目的を明確にすることで「必ず稼ぐ」という意欲が沸いてきます。また、時間がないから、才能がないからなど、続けられない理由を正当化して、途中で諦めることもなくなるはずです。

本書は、インターネットビジネス初心者の方にむけて、かなり易しくまとめていますが、一度読んでみて、よくわからないと思う箇所があれば、何度も読み直すことをお勧めします。

本書に書いてある内容を「**理解してから実践すること**」が、**確実にお金を儲けるための近道**なのです。

インターネットビジネスで成功できる４つのカギ

インターネットビジネスを成功させるうえで大切なのは

①情報商材アフィリエイトを利用する

②メルマガを利用する

③ブログを利用する

④SNSを利用する

この4つだけです。

とはいっても、ブログ、メルマガ、SNSを利用するなんて、時間もかかるし、文章も書けない……と思うかもしれません。

けれど、私の提唱する方法は「ラクして稼ぐ」がモットーですので、手間隙かかることありません。ブログ、メルマガ、SNSと、3つ並べましたが、実は1つ書くだけで、すべて兼ねられるのです。

また、文才について言うならば、かくいう私も文章を書くのはとても苦手です。でも、文章を書くのが苦手ならば、他の人が書いたものを参考にすればいいだけです。簡単な内容、且つわかりやすく書いてある文章を真似すればいいので、文章力も全く気にする必要はありません。

①～④につきましては、この後、各章で詳しくお伝えします。どの章も「ラクして稼ぐ」ためのノウハウですので、誰でも簡単に実践することができるのです。

また、インターネットビジネスを行う心がまえとして

①毎日最低30分は行うこと

第二章で詳しく述べますが、毎日行うことで、より早く信用性がうまれ、情報商材も売れやすくなるのです。

②手抜きをしたり、適当にやったりしないこと

インターネットビジネスだからといって、手を抜いてしまったり、適当に行っていると、相手にも伝わり、商材が売れなくなってしまいます。

③楽しみながら行うこと

お金のためだからと思って嫌々行っていると、その気持ちが相手に伝わったり、文章にも表れ

てしまし、商材が売れません。毎日続けるためにも、楽しみながら行うことが重要です。

④クレーマーは相手にしないこと

メルマガやブログなどで人気がでてくると、クレーマーが文句をつけてくる場合があります。クレーマーは文句をつけて困らせることを目的としているので、絶対に相手にしないことです。クレーマーにかまっていたら、時間の無駄になるだけです。クレーマーだとわかったら、徹底的に無視することです。

以上のことを念頭において、４つのこと実行していけば、絶対にインターネットビジネスで成功します。

第二章
情報商材アフィリエイトを成功させる
ブログ（FC2ブログ）攻略法

情報商材アフィリエイトとは

アフィリエイトについて、第一章で簡単に述べましたが、ここではもう少し詳しくお話しします。

アフィリエイトというのは、**インターネット上での広告代理業**にあたります。企業や個人といった広告主に代わり、商材やサービスの情報を公開し、それが売れたり登録されると、報酬が支払われるというものです。

たとえば、ある化粧品について「私は○○化粧品を使ったら、ニキビがなくなりました」のような紹介記事をまとめたブログを作ります。ブログを閲覧した人が、そのブログから○○化粧品を申し込んだとします。そうすると、化粧品会社から1件につきいくらかの報酬がもらえるのです。

ですので、アフィリエイトは自分が商材を仕入れる必要や在庫を抱えるのではなく、**商材やサービスを紹介すればいい**というワケです。

ちなみに、ブログは無料で作ることができますし、アフィリエイト会社も無料で登録することができますので、金銭的なリスクはゼロで済むのです。

アフィリエイトで紹介できる商材やサービスは膨大にあります。その中で、私がお勧めするのは、**情報商材**です。

情報商材とは、個人の情報やノウハウなどを文章にまとめて、ＤＶＤや冊子、ダウンロード商材にし、インターネット上で販売しているもののことです。情報商材には、ＦＸやお金儲け、ダイエット、恋愛ものなど、さまざまな種類があります。

上記の２つを組み合わせたのが情報商材アフィリエイトです。

本書では、インターネットビジネスの中でも、この**情報商材アフィリエイト**を使った方法を紹介していきます。

なぜなら、情報商材アフィリエイトが、最も簡単に高額の報酬を得ることができるからです。

たとえば、３万円の情報商材を紹介したとします。紹介手数料が40％もらえる場合ですと、

１つ売れるだけで、３万円×40％＝１２０００円、１ヶ月で10本も売れれば、12万円が手に入るのです。

情報商材アフィリエイトは、決して難しいものではありません。これから紹介する方法で順に行えば、誰でも簡単に儲けることができるのです。

情報商材アフィリエイトを始める前に行うこととは

情報商材アフィリエイトは、パソコンにインターネットがつながっているだけでは行えません。

情報商材を紹介するには、インターネット上にお店を持つことが必要です。町で本を売る場合、書店をもたなければ売れないのと同じことです。

本書では、**情報商材を紹介するお店として、ブログを作成**します。ブログとは、自分の日記や情報、感想などを、インターネット上で公開できる仕組みです。

インターネット上のお店は、ホームページでもかまわないのですが、いきなりホームページを作成するとなると、時間もかかりますし、かなりハードルが上がってしまいます。

また、適当なホームページを作ってしまいますと、検索エンジンでひっかからなくなったりなど、お金を稼ぐうえでの効率が悪くなってしまうのです。

私自身も始めはホームページではなく、ブログを作成して行いましたので、無理をしてホームページを作らなくても、ブログで十分なのです。


ブログは費用ゼロで作れます。無料で利用できるブログサービスには、Seesaa ブログ、楽天ブログ、goo ブログなど、たくさんあります。ただし、ブログサービスの中には、アフィリエイト目的での利用を違反とするものもあるのです。

そこで、私がお勧めするブログは、**FC2 ブログ http://blog.fc2.com/** です。

ＦＣ２ブログですと、情報商材アフィリエイトを行っても契約違反にならないですし、操作画面がわかりやすく、ブログ初心者でも簡単に利用できます。また、アクセスが集まりやすいので、比較的早くお金儲けへとつながるのです。

私自身もＦＣ２ブログを利用していたので、使いやすさや効果などは、自信を持ってお勧めできます。

ＦＣ２ブログの作成方法については、袋とじ『誰でも6時間で30万円を手に入れる方法』の中に詳しく説明してあります。操作手順に沿っていただければ、簡単にＦＣ２ブログが作れます。ＦＣ２ブログができあがれば、情報商材を紹介するお店が早くも完成したということになります。

情報商材アフィリエイトの方法とは

ＦＣ２ブログが開設できたら、ＡＳＰ（アフィリエ

イト・インターネット・サービス・プロバイダ）と呼ばれる、インターネット上の広告代理店に登録します。

というのも、ＡＳＰに登録すれば、いろいろな情報商材を扱うことができるからです。もちろん、ＡＳＰの登録はどの会社も無料です。

また、インターネットビジネスをするとなると、決済や振込み、商材の発送など面倒な手続きが多いものですが、ＡＳＰに登録すれば、すべて代行してくれるので誰でも簡単に行うことができるのです。

ＡＳＰには、インフォトップやインフォスタイルなど、たくさん会社が存在します。その中で私がもっともお勧めするＡＳＰは、

インフォカート http://www.infocart.jp/　です。

その理由については、この後、説明します。

インフォカートを利用するメリットとは

数あるＡＳＰの中から、私がインフォカートをお勧めする理由は、大きく３つあります。

①情報商材の種類が飛び抜けて多い

情報商材アフィリエイトを扱う会社の中でも、インフォーカートは老舗ですので、取り分け、多くの種類を掲載しています。ですので、たくさんの種類の中から、自分に合った情報商材をいくつも選ぶことができるのです。多くの情報商材を紹介すれば、それだけ売れる可能性も高くなります。

また、初心者向けの情報商材も多く、初めてアフィリエイトをする方にも向いています。

②信用できる商材が多い

情報商材というと、個人の情報やノウハウを商材化して、インターネット上で簡単に販売できるので、中には、内容がほとんどないにもかかわらず、高額に売られているものもあります。けれど、インフォカートは、情報商材を登録するまでの審査がとても厳しいので、悪質なものや、内容が薄いもの、他の情報商材と似かよったものなどは登録できないのです。そのため、信用のおける商材が揃っています。

インフォカートに登録されている中から商材を選べば、安心して行えるのです。

③情報起業することもできる

インフォカートでは、紹介したい商材を選べるだけでなく、情報教材を販売できるシステムも備わっています。ですので、第6章で述べる方法で情報起業（自分の考えやノウハウをＤＶＤなどの商材にしてインターネット上で販売すること）すれば、自分の商材を販売することも可能です。

情報商材を紹介して、ある程度の報酬を手にすることができたら、情報起業することをお勧めします。なぜなら、情報起業をした人の中には、総売り上げが3億円といった方も大勢います。情報商材を作って人気がでれば1億円を稼ぐことも夢ではないのです。

インフォカートの登録法は、サイトの登録手順に沿って、個人情報や銀行口座などを書き込んでいけば簡単に行えます。

インフォカートを利用する時の注意点とは

次に、実際にインフォカートを利用する時に注意すべきことをお伝えします。それは次の4つです。

①利用規約に沿って利用する

当たり前のことですが、利用規約を必ずしっかり読んでから利用することです。利用規約に違反してしまうと、ブログが取り消されてしまい報酬を手にすることができなくなってしまいます。

また、利用規約には書いてあるのに、それを読んでいなかったことが原因で契約違反となってしまい、金銭トラブルになってしまうこともあるからです。

②お勧めできない情報商材は紹介しない

いくら人気があったり、報酬が大きい情報商材だとしても、その内容を見て「販売価格が高いのでは？」「ほかの○○と内容が似ている」など、納得がいかないものであれば、決してブログでは紹介しないことです。

というのもインターネットビジネスでは、信頼性が大変重要になってくるからです。たとえば「この情報商材は内容が薄いな」と思っているのに、人気があるからといって紹介して売れたとします。すると、それを購入した人も、きっと同じように感じてしまい「そんないいかげんな商材を紹介をしている人（ブログ）からは、二度と購入しない」と、信頼性が生まれるどころか、その人とのつながりさえも切れてしまうのです。

情報商材は購入した人が満足さえしてくれれば、リピーターになってくれるので飛ぶように売れていきます。購入した人に満足してもらい、信用性を高めるためにも、お勧めできない情報商材は紹介しないことです。

③もしも、お勧めできない情報商材を紹介する場合は、その理由をブログに書く

先ほど、「お勧めできない情報商材は紹介しない」と述べましたが、基本的にはそういった商材は紹介しなくてもかまいません。

ただし、信頼度を高めるテクニックとして、あえて、お勧めできない情報商材を紹介する手法もあります。

その方法とは「この情報商材を検索したところ、こんなにマイナス評価がありました」「○○なので、本当はお勧めではないのです」というように、なぜその情報商材がお勧めできないのか、その情報商材のどこがマイナスなのかをはっきりと書いた上で、お勧めできない情報

商材を紹介するのです。

そして、「このような商材ですけれど、興味がある方はどうぞ」と、誘導します。そうすると、真の情報を掲載しているワケですから、その商材を紹介している人への信頼度は高まっていくのです。

④情報商材は、しっかり確認する

何度も述べていますが、情報商材は誰でも簡単に作れる分、ろくでもない、うさんくさい商材だという固定概念にとらわれがちです。

ですので、気になる情報商材がでてきたら、情報商材の内容やその情報商材を扱っている人について、しっかりと調べることです。

その人の名前や教材名を入れて検索エンジンにかけると、すぐに情報がでてきますので、それを見て確認すればいいだけす。そして、情報商材や作った人に信用性があれば、ＦＣ２ブログで紹介します。

紹介しようと思う情報商材は〝ウラ〟を取ることが大切なのです。

どのような情報商材を選んだほうがいいのか

インフォカートへの登録が済んだら、次はＦＣ２ブログで紹介する情報商材選びです。

インフォカートに登録されている情報商材といっても、ＦＸ、美容、ダイエット、恋愛、ネットで稼ぐ方法、ギャンブルなど、多くのジャンルがあります。ＦＣ２ブログの中で、いろいろなジャンルの商材を紹介してしまうと〝なんでも屋さん〟だと思われてしまい、なかなか売れないものです。

そのため、紹介する情報商材はジャンルを絞ることが重要です。その時に、どういった情報商材を選べば、ラクして儲かるといいますと

①興味のあるジャンルを選ぶこと

興味があれば、知識がなくてもかまいません。FC2ブログで商材を紹介をする際も、むずかしい知識を披露するのではなく、どれだけ関心があるか、どういった点に興味があるかなどを書けばいいので、とにかく、興味があるジャンルを選ぶことが第一条件です。

もしも興味のあるジャンルがない場合は、比較的ご自信の日常に近いものを1つ選んでください。たとえば、お子さんがいる方なら「子育て」を選べばいいのです。そして、選んだジャンルについて、日ごろから関心を持つように心がけることが大切です。

②実績がある人が提供している情報商材を選ぶこと

ジャンルが決まったら、実績がある人の情報商材を選びます。実績がある人が提供する情報商材は、内容もしっかりしているので、失敗することはありません。

気になった情報商材があれば、必ずその商材を販売している人の過去の売れ行きや口コミ情報などを調べて、実績があるかどうか確認しましょう。

また、情報商材を扱っている人は、大抵、複数の商材を販売していますので、その中で一番人気のある商材を選ぶことです。

③報酬が大きい商材と小さい商材の割合を7対3にする

情報商材アフィリエイトは商材によって支払われる報酬が違います。というもの、情報商材を作成した人が、紹介してくれた人への報酬（手数料）を、販売価格の1〜70％の間で決めることができるからです。

たとえば、1万円の商品の報酬が1％だとすると、1個売れても

1万円×1％＝100円

にしかなりません。

そのため、報酬が小さい商材ばかりを紹介していると、大きな儲けにはならないのです。

とはいえ、報酬が大きいものだけを選べばいいワケではありません。というのも、報酬が大きい商材というのは、基本的に高額で販売されている商材なので、売れ行きが悪かったりします。

とくに、インターネット上では4万円を超える商品は一気に購入率が下がるという統計もでて

います。いくら報酬が大きくても４万円以上の商材は控えるようにしてください。

また、大きな報酬が得られる商材というのは、基本的に多くの方が紹介しているので、売れない場合もあります。反対に、報酬は小さくても、１０００円程度の安い商材なら、お試しで購入する方も多いので、意外と売れていたりもします。

そのため、**報酬が大きい商材と小さい商材の両方を選び、その割合を７対３にすること**です。商材の個数は決める必要はありません。そうすれば、コンスタントに報酬が手に入るので、儲けがゼロになることや、モチベーションが下がることもなく、楽しく続けられるのです。

④自分がお勧めできる情報商材を紹介する

先にも述べましたが、自分が納得しない商材というのは、他の人も同じように感じるものです。ですので、自分が「こんな情報だったら欲しい」と思う商材を紹介することです。また、お勧めできない商材を紹介する場合は、その理由を書くことをお忘れなく。

売れやすい商材を見分ける方法とは

先にどのような情報商材を選ぶかについて述べましたが、むやみやたらに探していたら、時間もかかってしまいますし、売れる保障もありません。

できるだけ売れやすい商材を選ぶには、**インフォカートにある情報商材のランキングを利用**します。ランキング上位の中から、紹介すると決めたジャンルの商材を選べば、手堅く儲けることができるのです。

ちなみに、上位にランキングされているのは、ＦＸやお金関係のものが中心ですが、ランキングが低くても、恋愛や結婚などモテ系のものも、意外とコンスタントに売れています。

紹介文を書く時に注意することとは

紹介する情報商材が決まったら、ＦＣ２ブログに、その情報商材についての紹介文を書いていきます。その際、どういったことに注意すればいいのかをお話します。

多くの方が、紹介文には「この情報商材はこれだけ売れている人気の商材です」「この情報商材を売ると、これだけの利益になります」といった内容を書いています。もちろん、そういった情報も大切ですが、それだけでは、お客さんへの信用は生まれません。

紹介文には、**なぜこの情報商材がお勧めなのか、なぜこの情報商材を自分が紹介しているのかを詳細に書く**ことが大切です。

たとえば

■すでに実績がある○○さんの商材だからお勧めできます。
■この販売者はこんな実績をあげています。
■ランキング1位に入っているので、まちがいありません。

というように、誰にでもわかるように簡単に書けばいいのです。

そうすると、利益目的だけでなく、本当にいいと思った情報商材を勧めていることが伝わるので、お客さんへの信用性が高まるというワケです。お客さんは商材を信用できる理由があれば、安心して購入してくれるものです。

また、売り上げの具体的な数字を入れ込むと、より信頼度が高まります。


続いて大切なのが、**どのような情報商材なのかをわかりやすく説明すること**です。

情報商材を販売しているホームページを見ていただくとわかるかと思うのですが、たいていの場合、やたらと紹介文が長いのです。正直、文章が長すぎて、意味が理解できないものもあります。また、あれほど長い紹介文を最後まで読んでいる人は、ほとんどいないのではないかとさえ思います。

ですので、ダラダラと長い文章で説明するのは絶対にしないことです。その情報商材のポイントとなる点を簡潔に、読みやすく説明することです。

商材の特徴をまとめる際は、40文字程度で書くことを心がけてください。40文字程度ですと、ひと目で特徴が伝わります。

また、**その情報商材を購入すると、どのようなメリットがあるのか**を書くことです。

というのも、ほとんどの人が商材の紹介文を読んで納得はするものの、それを購入したらどうなるかまでは、想像していません。

そのため、ここではっきりと「この商材を購入するとこうなります」といったメリットを書くと、読んだ人が購入後の自分をイメージしやすいので、より購買意欲が高まるのです。

たとえば、恋愛系の商材なら「この商材を読めば、好きな相手と3ヶ月以内に付き合え、半年以内には必ず結婚できます」というように、端的に書くことです。メリットについても、40文字程度で書くことが大切です。

FC2ブログのプロフィールには、できるだけ親近感を持ってもらえるような内容を書くことです。履歴書の用な堅苦しい経歴や自己紹介では意味がありません。

私の場合は、自分の人生であった出来事を書いています。私のこれまでを知ってもらうことで、読んだ方も私のことをよりイメージしやすくなり、親近感を持ってもらえると思うのです。

よければ、私のプロフィール http://kj-nc.com/profile.html を参考にしてください。

ＦＣ２ブログを作るうえで心がけることとは

せっかくＦＣ２ブログを作っても、人が集まらなければ意味がありません。お店に人がこないのと同じことです。

では、どのようなブログにすれば、人が集まるかといいますと

①なんでも屋さんにならない

先にも少し述べましたが、売れそうだから、人気がある商材だからといって、いろいろなジャンルの商材に手を広げてしまうと「この人は一体どのジャンルに詳しいんだろう？」と信頼性に欠けてしまいます。

ＦＸならＦＸに関連した情報商材だけを紹介するといったように、１つのブログでは、１

ジャンルを紹介することです。

②新着情報をいち早く更新する

ランキング上位の商材や、売れている情報商材は、たくさんの人が紹介しているため、ライバルが大勢います。

にもかかわらず、情報商材を購入する人は、同じ商材を何度も買うことは決してないので、他の人のサイトやブログで商材を購入したら、あなたのブログから買うことはないのです。

ですので、他の人のサイトやブログよりも注目を集めることが必要です。そのために、新着情報をいち早く更新することです。

新着情報を更新するというのは、自分の扱っているジャンルで、新しい情報商材がでてきたら、随時追加していくということです。

もちろん、その際は、その情報商材を販売している人が実績があるかを必ず確認してください。

いちいち新着情報をチェックするのは、めんどくさい……と思うかもしれませんが、自分が扱っているジャンルをチェックするだけなので、5分程度で済むはずです。

新着情報をチェックしていないと、せっかく紹介していた情報商材がバーゲンセールのようになってしまい、儲けにつながらなくなってしまうこともあるのです。また、新着情報を更新しておかないと、あなたのサイトから商材を購入する人が減ってしまいます。

空いている時間にこまめに新着情報をチェックして更新すれば、よりお客さんを呼び込むことができるのです。

③商材の写真を掲載する

ブログは情報商材を販売するお店ですので、見やすく、わかりやすくすることが肝心です。そのため、扱う商材の写真などもできるだけ掲載するようにしましょう。

④同じ販売者の商材を集めて紹介する

ブログはリンクがはれるのが特徴です。ですので、取り扱う情報商材の下には、その販売者のほかの商材のリンクをはっておくことです。

たとえば、ブログに、○○さんの一番新しい商材を紹介したとします。そこに、○○さんの過去の商材や有料メルマガがあれば、それらのリンクも貼っておくのです。○○さんに興味があるお客さんは、一番新しい商材だけでなく、有料メルマガや過去の商材も購入してくれ可能性があるのです。リンクを貼っていたことで、さらなる報酬にもつながります。

⑤コメント欄に教材の評価を書いてもらうように誘導する

お客さんの中には、情報商材についての紹介文だけでは、さほど信用していない人もいます。そのようなお客さんに信頼してもらうためには、第三者のコメントが最も有効的です。

幸いブログにはコメント欄があるので、それを利用します。商材を紹介した文の最後に「よかったら商材の感想を書いてください」「コメント欄に評価をお願いします」といった一文を加えておきます。

すると、購入していただいた方から、意外とコメントが書き込まれるものです。購入者＝第三者のコメントが増えれば増えるほど、信頼度は高まっていきます。

また、第三者のコメントは、その商材を購入しようと思っている人に安心感を与えるので売り上げにもつながります。

⑥お勧め度を記載する

紹介文の内容も大切ですが、ひと目でその商材のよさをアピールするには、お勧め度を記載しておくことです。☆印や点数、５段階評価など、評価の記載方法は何でもかまいません。パッと見て、わかりやすい記載であればいいのです。

扱う情報商材を自分なりに評価して、ランキングにして分けておくのも一つの方法です。その際、お勧めできない商材もあえて加えて評価しておくと、お勧めしたい商材が目立ち、信頼度も増すものです。

クリック広告で儲ける方法とは

これまで情報商材アフィリエイトについて述べてきましたが、情報商材アフィリエイトだけに絞って行うと、多少なりとも報酬が手に入るまで時間がかかってしまいます。そうなると、やる気も失せてしまうものです。

そこで、お勧めなのが、クリック広告を併用することです。クリック広告とは、クリックしてもらっただけで報酬が手に入るという仕組みで、運営上の負担も少なく、一定の報酬が得られるのが特徴です。

クリック広告を出すには、

Google AdSense（グーグル・アドセンス）https://www.google.com/adsense/ という、グーグルが提供している広告サービスを利用するのがお勧めです。

というのも、グーグル・アドセンスは、グーグル側がウェブページ内にあるテキストを自動的に分析し、関連性の高い広告を自動的に表示してくれます。しかも、同じ広告を長時間表示しているのではなく、一定の時間が過ぎると、違う広告に入れ替わるので、手間をかけずに常に新着広告を表示することができるのです。

また、サイト利用者は、そのサイトのテーマと同じ情報を求めていることが多いので、それに相応している広告が表示されると、クリック率も自然と上がる＝報酬へとつながるのです。

さらに、グーグル・アドセンスの場合、報酬額が高いのも大きな特徴です。通常のクリック広告の場合、1クリックで、1〜10円程度の報酬が相場です。けれど、グーグル・アドセンスなら、1クリックの広告収入が10〜50円なのです。

「クリックすれる報酬が手に入るなら、自分で何度でもクリックすれば大きな報酬へつながるのでは？」と思うかもしれません。

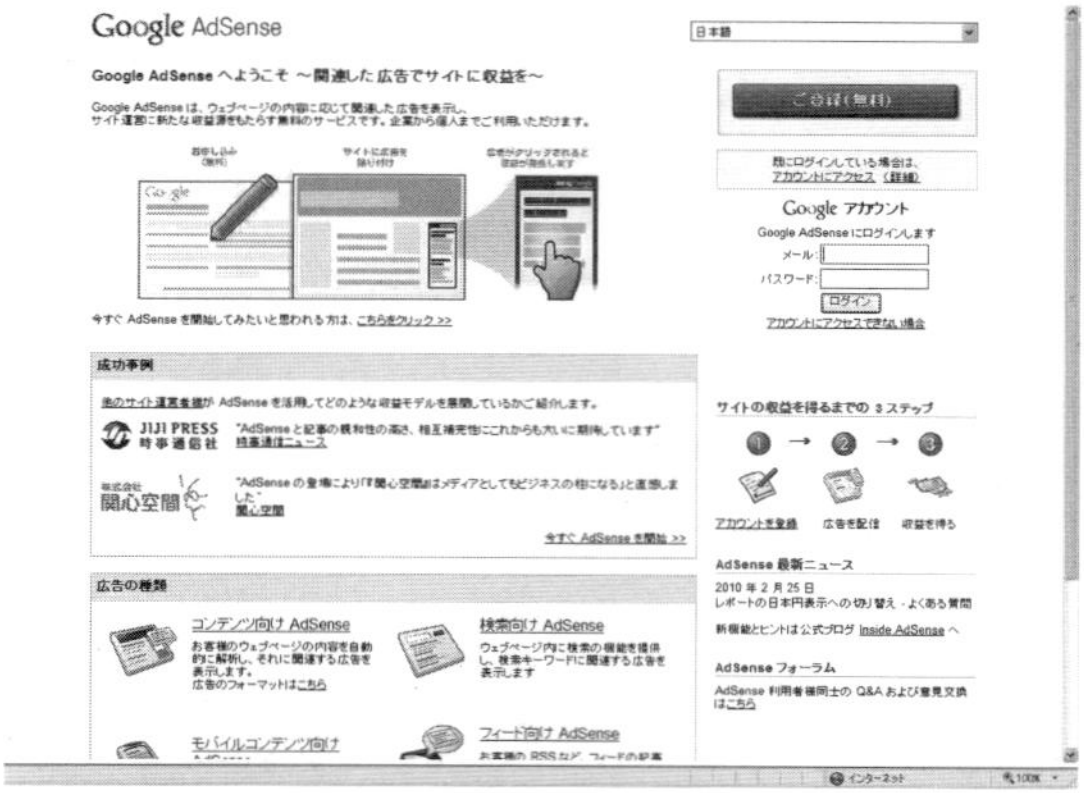

けれど、グーグル・アドセンスでは、自分の広告をクリックする行為は禁止されていて、厳しくチェックされます。一度でも自分の広告をクリックしてしまうと、取り消されてしまうのです。

私自身、一度作業中に、誤って自分の広告をクリックしてしまい、取り消されてしまったことがあります。

グーグル・アドセンスの方法とは

①情報商材アフィリエイト用に作ったFC2ブログを、グーグル・アドセンスに登録する

登録方法は手順に従って、ブログのURLなどを入れ込めば簡単に行えます。

②広告表示用のタグ（スクリプト）をブログ内に貼る

登録後、グーグルの審査に通過したら、タグ（スクリプト）が取得できます。そのタグをブログ内に貼り付けておけば完了です。

そうすると、グーグル・アドセンスが自動的に、あなたの広告を表示してくれます。ほかに、ブログをみた人がそのタグをクリックすることで、自動的に報酬が手に入るのです。報酬は、グーグル・アドセンスから入ります。

クリック広告は、微々たる報酬だと思われがちですが、意外とバカにできないものです。というのも、ブログにアクセス数が集まるようになると（アクセス数を集める方法は、次で紹介します）、クリックしてもらえる頻度も上がりますので、それなりの報酬が手に入るようになってきます。

ですので、情報商材アフィリエイトとクリック広告を併用して行うことが、手堅く報酬を得るための近道なのです。

アクセス数を増やす方法とは

ＦＣ２ブログへのアクセス数を増やすために行うことは、次の３つです。

①掲示板の書き込みを利用する

インターネット上には多数の掲示板が存在しますので、それを利用します。

全ての掲示板に書き込みをしていては時間の無駄になってしまうので、自分の扱っているジャンルの掲示板にのみ書き込んでいきます。

たとえば、ダイエットの情報商材を扱っているなら、「掲示版（スペース）ダイエット」と検索をかければ、ダイエット関連の掲示板がピックアップされます。

けれど、ここでピックアップされた掲示板もかなりの量がありますので、１つ１つに書き込んでいくのは面倒です。

そこで、自動掲示板書き込みソフトを利用します。このソフトは、検索エンジンに

「掲示板　書き込み」

「掲示板　書き込み　フリー」

「掲示板　書き込み　無料」

といったワードを入れると、見つけることができます。

その中から、自分にあったソフトを選んで、掲示板にか書き込んでいけばいいのです。

②サイト相互紹介を利用する

相互紹介というのは、同じジャンルのブログやホームページを扱っている人に連絡をとって、お互いに承諾したうえで、リンクを貼り合うというものです。

ブログも多数ありますが、「人気ブログランキング」http://blog.with2.net/ を利用するのがお勧めです。ジャンル別にわかれているので、自分が扱っているジャンルでブログを書いている人にメールを送ればいいのです。

ブログを書いている人であれば、相互紹介といえばわかりますので

「同じジャンルでブログを書いています。相互紹介をお願いします」

といった簡単な内容を送ればいいだけです。

返事が返ってきたら、ブログに「お勧め相互リンク集」といったカテゴリーを作って、承諾をもらった人のＵＲＬを貼っていきます。画像を貼っておくと、よりわかりやすくまとまります。

ただし、メールを送ったからといっても、必ず返事が返ってくるワケではありません。とくにランキング上位に入っているような人は、相互紹介のメールも多いので、なおさらです。けれど、リンク先が増えるほどアクセス数は必ず伸びてくるので、あきらめずに、空いた時間にメールを送り続けることが大切です。

③ **SEO対策をしてアクセス数を増やす**

SEO対策とは、ヤフーやグーグルでキーワード検索をした時に、上位に表示されるようにする対策のことです。

SEO対策法はいろいろありますが、ほとんどが時間だけを費やして、アクセスを集めるまでには到達しません。

そこで、最も効率のよいSEO対策法を2つ紹介します。

一つは、**キーワード出現率チェッカー**を利用する方法です。キーワード出現率チャッカーとは、ページ内に含まれているキーワードをチェックして、そのキーワードが全体の何%含まれているのかをチェックしてくれるツールです。キーワードが全体の5%前後にすると、

検索エンジンにひっかかりやすいと言われています。

ＦＣ２キーワード出現率チェッカー

http://seo.fc2.com/keywordrate/ を使って、ブログをチェックしてみましょう。

たとえば、ダイエット関連の情報商材を扱っている場合、キーワードにしたい「痩せる」というワードが、全体の５％前後を占めていれば大丈夫です。

もう一つは、**メタタグという特殊なタグを挿入**する方法です。メタタグとは、検索エンジンロボットの巡回を制御するためのもので、メタタグを挿入することにより、検索エンジンにひっかかりやすくなるのです。

ＦＣ２ブログにおけるメタタグの挿入の仕方は、

管理ページからテンプレートの設定↓現在使用しているテンプレートの〝編集〟↓ＨＴＭＬ文が表示されます。

<head>～</head>の間にメタキーワードタグとメタディスクリプョンタグ（ブログ紹介文

のタグ）を挿入します。

たとえばFXの情報商材を扱っているなら

メタキーワードタグ<meta name=“ keywords” FX, お金, 短時間, 儲け, ”>

メタディスクリプションタグ<meta name=“ description” FXの稼げる商材を紹介しています。”>

などと記載します。

キーワードタグには6つのワードを、紹介文のタグには30文字以内を記載すると検索されやすくなります。

メタタグを記載する時に注意することは

■同じキーワードを何度も記載しない

■ブログに存在しないキーワードを記載しない

■過剰なキーワードを記載しない

■関係のないキーワードを記載しない

の4点です。上記のようなことを行ってしまうと、スパム行為（インターネットを利用したダイレクトメール）とみなされて、検索エンジンでひっかからなくなってしまうので、必ず気をつけるようにしてください。

また、上記の対策法は難しすぎるという人は、**ブログのタイトルを、商材の名前だけでなく、キーワードを入れ込み、どんなブログなのかがわかるように表示**するだけでもかまいません。というのも、検索をかける時というのは、たいてい探したいことに関連するいろいろな単語を入れ込むものです。

私の場合、ホームページのタイトルを「鷲崎学園 初心者の為のインターネットビジネススクール」としています。すると「インターネット　ビジネス　初心者」と検索をしてくれた人でも引っかかります。これを「鷲崎学園」にしていたら、まず引っかかることはないのです。

可能な範囲でＳＥＯ対策を行って、アクセス数を増やしていくことが大切です。

第三章
メルマガ攻略法

メルマガとは何か

メルマガとは、メールマガジンの略です。その名のとおり、メールで送るマガジン（雑誌）のことで、登録してもらった方のメールアドレスに、一斉にメールを配信できる仕組みです。

第二章で、FC2ブログを店舗だと述べましたが、メルマガはその店舗を宣伝する手段といったイメージです。ですので、**メルマガを発行して、自分がお勧めする情報商材を宣伝し、FC2ブログへ導いていく**のです。

メルマガを発行する最大のメリットは、メルマガ読者との間には、信頼関係が生まれやすいということです。

というのもメルマガの読者というのは、メルマガの内容や、発行する人に興味があるから登録するのです。そのため、読者にとって為になる情報を発信し続けていると、次第にその人のファンになってくれるものです。すると、信頼関係も生まれてくるので、お勧めの商材をきちっと紹介すれば、購入してくれる割合も高くなるというワケです。

繰り返しになりますが、情報商材を売るためには、あなた自身を信用してもらうことが重要です。

第二章で述べたFC2ブログですと、いくら新しい情報に更新しても、直接相手には届かないものです。けれど**メルマガは、読者がメールの送受信をプッシュするだけで、直接情報が届くので、とても効果的**なのです。

またメルマガは、読者が配信解除するまではメールが送り続けられるので、ふとした時に商材を購入してもらえる可能性もあります。

さらに、発行しているメルマガの読者が○万人などに増えると、個人や会社から、メルマガに広告を掲載して欲しいというオファーがきたりもします。掲載料金は自分で設定することが可能ですので、より多くの報酬を手にすることもできるのです。ちなみに、人気のあるメルマガですと、1回の広告掲載料金が25万円にもなります。

嬉しいことに私のメルマガにも広告掲載の依頼があるので、週3回のメルマガのうち1回は広告枠でうまってしまいます。広告掲載料金は13万9000円に設定しているので、最低でも1ケ月で、13万9000円×4回＝55万6000円の利益になっています。

最終的には情報商材を購入してもらうことが目的なのですが、効率よく報酬を得るためには、メルマガの読者を増やすことが重要となってくるのです。

メルマガを発行するには

まず、メルマガの発行方法についてお話しします。メルマガを発行するには、メルマガのシステムを提供している「メルマガ配信スタンド」というものを利用すれば簡単に発行できます。

メルマガ配信スタンドには

まぐまぐ！ http://www.mag2.com/

Melma http://melma.com/

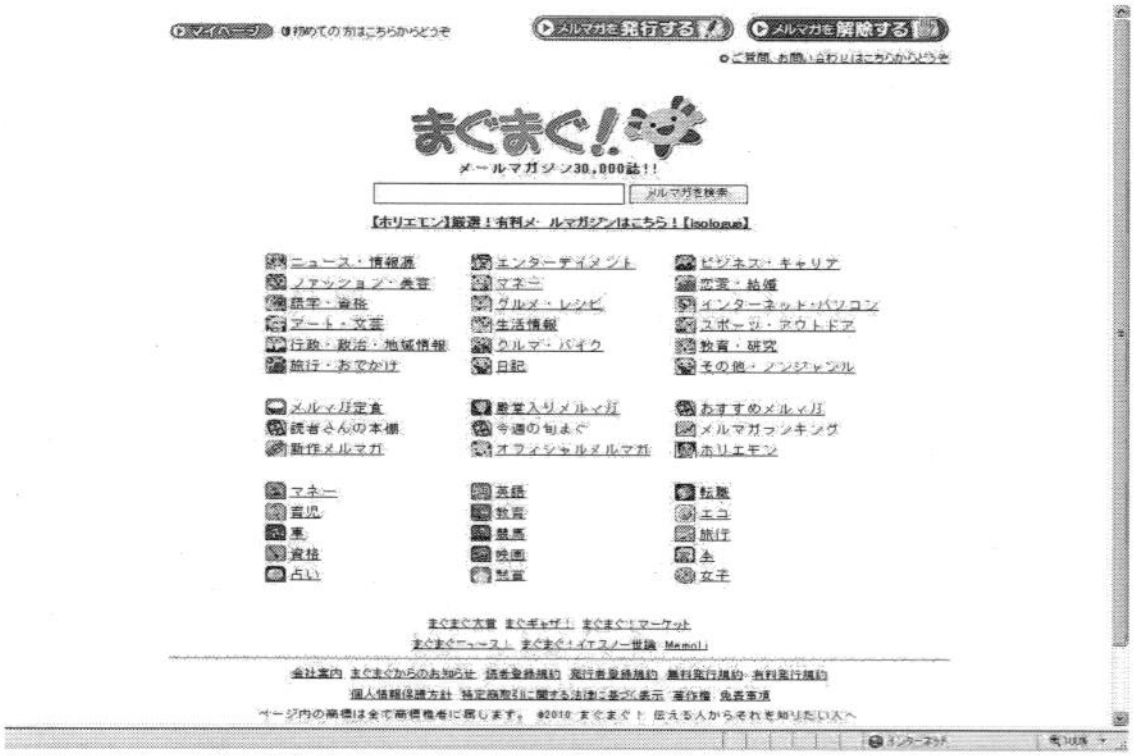

インフォマグ http://www.infomag.jp/
カプライト http://kapu.biglobe.ne.jp/
などたくさんの種類があり、無料と有料に分かれています。その中で、私がお勧めするのは、**無料で発行できる「まぐまぐ！」**です。ちなみに、まぐまぐ！には、有料メルマガもありますが、無料メルマガで行います。

発行申請をするには、トップページ画面の上部にある「メルマガを発行する」をクリックし、あとは手順に沿って入力していきます。

ただし、メルマガの第1号を見本として登録しなければいけません。メルマガの書き方については、この後詳しく説明します。

なぜ、まぐまぐ！を利用するのがよいのか

まぐまぐ！は、日本で最大のメルマガスタンドです。約3万誌が発行され、1000万人を

超える読者がいるため認知度も高く、なにより信頼度が高いのが特徴です。ここで、まぐまぐ！を利用するメリットを挙げてみます。

①管理がしっかりしているので、読者との信頼関係が生まれる

メルマガの中には読者になると、いろいろなチェーンメールが送られてきたりもします。けれど、まぐまぐ！は、管理がしっかりしているので、そういったことはありません。ですので、まぐまぐ！なら、読者も安心して楽しめるので、信頼性が生まれ、商品も売れやすくなるのです。

②メルマガを発行するための審査がしっかりしているので、信頼度が高い

まぐまぐ！の大きな特徴は、他のメルマガと比べ、発行するための審査がとても厳しいという点です。とくに、お金儲け、FXなどのジャンルは厳しくなっています。

私も、まぐまぐ！の審査には何度か落ちてしまい、その度に、参考となるメルマガを探してきては（探し方についてはP79参照）、書き直しました。

厳しい審査をパスした、まぐまぐ！のメルマガなら、読者も安心して登録できるものです。

また、日本最大のメルマガスタンドで発行しているというブランドが手に入るので、自信にもつながります。

③メルマガの読者数がひと目でわかるのでアピールになる

まぐまぐ！は、発行部数がはっきりと表示されるので、メルマガにどれだけの読者がいるのかがひと目でわかります。

メルマガの中には、発行部数が不明のものもありますし、部数をごまかせるものもあります。

その点、まぐまぐ！の発行部数は正確ですので、読者へのアピールになり、「これだけ発行しているメルマガなら安心」「発行部数が多いから登録してみよう」というように、メルマガ登録へのきっかけにもなるのです。また、正確な発行部数は、広告を掲載したい方へのアピールにもなります。

④ランキングを使って、読者を誘導することができる

まぐまぐ！には、「週間総合ランキング」「増加部数ランキング」「カテゴリー別総合ランキング」といったメルマガランキングがあります。発行部数が増えてくると、ランキングの上位に表示されるので、そこから読者を誘導することができるのです。

私の場合、「鷲崎革命■サラリーマンの年収を1ヶ月で稼ぐ方法」というメルマガが、「ビジネス・キャリア」のカテゴリーの中で、常に4位か5位に位置しています。そのため、ランキングをみた方がメルマガ登録してくれる場合も、よくあります。

このように、メリットが多く、信頼のおける「まぐまぐ！」からメルマガを発行し、ブログへと導いてい

けばいいのです。

メルマガにはどのような内容を書いたらよいのか

メルマガを始めて書く場合、何を書いていいのかわかならいと思います。先に述べたように、私もまぐまぐ！に登録の際は、審査に何度も落ちて苦労しました。

メルマガを簡単に書くには、まず、**参考となるメルマガを見つけること**です。たとえば、恋愛に関する情報商材を紹介している場合、メルマガのカテゴリーの「恋愛・結婚」をチェックします。その中から、**発行部数の多いメルマガや、自分が読んで読みやすいと思ったメルマガ**を参考にすればいいのです。

実際にどういった内容を書けばいいかについてですが

①難しいことは書かず、１日の出来事や意見、感想などを書くこと

簡単な1日の出来事や感想、ニュースについての意見、興味を持っていることなどを書けばいいだけです。決して難しい内容を書く必要はありません。メルマガは発行し続けることが大事です。難しい内容を書こうとすると苦痛になってしまうだけです。

読者が親しみをもてるような日常の出来事を書いて、人柄を伝えていけばいいのです。人柄に興味を持ってもらえれば、必然的に紹介している情報商材にも興味を抱いてくれますので、結果として、販売へとつながるのです。

②ブログに書いた新着情報を紹介すること

メルマガはあくまでも、情報商材を紹介しているブログへの誘導手段ですので、ブログへ導くことが重要です。

そこで、ブログに書いた新着情報を、メルマガの中でも〝新着情報〟として紹介します。ただし、同じような内容を二度も書くのは手間もかかり、めんどくさいだけです。ですので、ブログで書いた新着情報を、コピーしてメルマガに貼り付ければいいのです。すると、簡単に新着情報もメルマガで紹介できるというワケです。

③お勧めの情報商材を紹介すること

新着情報だけですと、情報商材の内容が薄くなってしまうので、お勧めの情報商材の紹介も合わせてすることです。その際も、ブログで紹介している内容をコピーしてメルマガに貼り付ければいいだけです。

④メルマガの題名や内容はＦＣ２ブログと連動させること

メルマガから、ＦＣ２ブログに導きたいので、メルマガの題名は、ＦＣ２ブログと連動するようなものにしなくてはいけません。

私の場合は、ブログではなくホームページになりますが、タイトルを「鷲崎学園 初心者の為のインターネットビジネススクール」、メルマガの題名は「鷲崎革命■サラリーマンの年収を１ヶ月で稼ぐ方法」としています。

すべて、同じ言葉を使う必要はないのですが、なんらかのつながりや連動させることが大切です。

同様にメルマガは、題名で人を引きつけることも重要です。ですので、たとえば「秘密の●●」「7つの法則」といったように、題名を少しミステリアスにしたり、数字を入れてインパクトを与えるのも手法の一つです。

反対に、「●●ちゃんの、子育てわくわく日記」のように単純で親近感を持たせるようにするのもよいでしょう。

簡単でかつ効果的なのは、メルマガの題名に自分の名前を入れ込むことです。「○○のメルマガ」と名前を入れると覚えやすいため、次第に親近感も沸き、信頼度アップにもつながるのです。

また、売れ筋の書籍などからひっぱってきて、自分でアレンジしてみるのもよいでしょう。

そして、FC2ブログと同様に、メルマガも検索エンジンにひっかかるように、キーワードを細かく入れることが重要です。

メルマガの内容につきましては、日常の出来事や感想以外は、題名にあった情報を提供することです。題名に合った情報でないと、そのメルマガが一体何をいいたいのか、読者には伝わらないからです。いずれにせよ、ＦＣ２ブログとメルマガの題名と内容は、統一性をもたせることです。

どれくらいの頻度でメルマガを発行したらよいのか

メルマガの発行回数は自分で設定することが可能です。毎日発行してもいいのですが、あまり同じ人から何度もメールが届くと、読んでもらえなくなったり、迷惑がられて解除率が高くなってしまいます。反対に、配信回数が少なすぎると、メルマガ読者に忘れられがちです。ですので、**メルマガは１週間に２回発行すること**をお勧めします。この回数なら、無理なく続けられると思うのです。

また、メルマガはメールを届ける時間も設定することができます。お勧めの時間は、18時20

分です。

なぜなら18時20分頃が、一般的なサラリーマンの方が帰宅して、家でパソコンを立ち上げる時間だからです。そのため、あなたからのメルマガがメールボックスのトップに届いているはずです。ほとんどの方は、新着メールからチェックしていくので、あなたのメルマガが見過ごされることもなくなるので、情報商材販売へと誘導しやすいのです。

また、18時ジャストにしてしまうと、この時間に発行している人は多いので、20分ずらすことが効果的なのです。

ちなみに、遅い時間帯にしてしまうと解除率が高くなってしまうので、避けるようにしてください。

メルマガを発行するうえで気をつけることとは

せっかくメルマガを発行したのに、読者に読んでもらえなかったり、間違った情報を届けていては意味がありません。これほど無駄なことはないのです。

そのようなことにならないように、メルマガを発行する際に気をつけるべき点を挙げてみます。

①誤字脱字をなくすために必ず読み返す

メルマガを書いていると、どうしても長文になってしまうため、誤字脱字がでてしまうこともあります。

当たり前のことですが誤字脱字があると、読者に内容が伝わらなかったり、苦情の原因になったりもします。

ですので、1回だけは読み直すようにしてください。何度も読み直してしまうと時間がかかってしまうので、1度だけでかまいません。1度読み直すだけでも、かなり誤字脱字がチェックできます。

私も誤字脱字が多く、それが理由で、まぐまぐ！の審査が通らなかったほどです。そのため、今は、文章を書いたら必ず読み返すようにしています。これは、メルマガに限らず、ブログや、このあとお話しするＳＮＳなどでも同じです。文章を書いたら、必ず一度は読み返すことが大切です。

②情報商材のリンク先が間違っていないかを確認する

情報商材の新着情報やお勧めの情報商材をメルマガで紹介する際、その商材直通のホームページのＵＲＬも掲載しておきます。

というのも、本来は自分のＦＣ２ブログに導きたいのですが、メルマガに貼った情報商材のホームページを経由して購入してもらっても、その商材に対するアフィリエイト報酬は入ってくるからです。

にもかかわらず、この時に誤ったＵＲＬを掲載してしまうと、読者は直接リンクできないので、別のブログやメルマガを経由して、その情報商材を買うことになります。そうすると、情報商材は売れてもアフィリエイト報酬は入ってこなくなってしまいます。

このような凡ミスをおかさないためにも、情報商材のＵＲＬを自分で打ちこむのは止めましょう。必ず、コピーして張り付けます。その時に、ＵＲＬの後ろにスペースが入ってしまうことがあるので、貼り付けた後も、念のため確認してください。

③読者が求める内容を提供する

繰り返しになりますが、メルマガの題名と内容が全く合っていないと、読者はメルマガを読まなくなったり、登録解除ということにもなりかねません。

メルマガには読者がいるということを念頭におき、読者が求めていると思う情報を紹介していくことが重要です。

④内容の薄いメルマガは発行しない

メルマガを週2回発行していると、どうしてもめんどくさくなったり、早く作業を終わらせようとして、全体の文章量を少なくしてしまいがちです。

時には文章量が少なくてもいいのですが、毎回そうでは、内容の薄いメルマガになってしまい、せっかく登録してくれた読者も離れてしまいます。

読者を減らさないためのコツは、書きたい内容にその理由を加えることです。たとえば、焼肉を食べたといった1日の出来事を書くとします。

「今日は焼肉を食べてきました」ではなく、

「今日は会社のスタッフが誕生日だったので、焼肉を食べてきました」とすればいいのです。

「○○した」ではなく、「○○するために○○した」となるよう、文章を細かく分けて書いていけば、自然と内容も濃くなり、全体の文章量も増えていきます。また、そのように書くと、検索エンジンにもひっかかりやすくなるのです。

とくに、まぐまぐ！の発行申請時のメルマガは、上記のことに気をつけることです。全体の文章量は、若干多いと感じるぐらいでかまいません。

もし、審査に落ちてしまったら、まぐまぐ！から審査に落ちた理由が届くので、そこを修正して、再度チャレンジしましょう。

メルマガの読者を集める方法とは

メルマガを創刊したら、読者を集めていきます。読者を集めるための無料の方法が、次の4つです。

①無料レポートを利用する

情報商材の新着情報やお勧めの情報商材を中心に紹介していると、読者が「宣伝ばかりのメルマガだ」と思ってしまい、解除率が高くなってしまいます。

そこで、メルマガの中で無料レポートを紹介します。

無料レポートとは、いろいろな人が書いた無料で読める情報です。無料レポートを紹介することで、メルマガ読者が「このメルマガは無料で情報が手に入るから得だ！」と思ってくれるのです。人は無料のものに弱いので、かなり効果的です。

無料レポートを紹介するには、無料レポートスタンドを利用します。

無料レポートスタンドとは、自分のレポートを登録したり、登録されているレポートの中から好きなレポートを選んで紹介できるサイトのことです。

また、無料レポートを通して、メルマガ読者も獲得することができるのです。

たとえばメルマガでAさんの無料レポートを紹介して、レポートが購読されると、自動的にポイントが貯まるシステムになっています。このポイントがある程度貯まると、Aさんが誰かの無料レポートを紹介した際に、協賛メルマガとして、あなたのメルマガが掲載されるようになるのです。

そのため、無料レポートを紹介して購読されればされるほど、メルマガ読者を増やすことにもつながるのです。

無料レポートスタンドには

まぐぞう　http://mag-zou.com/

メルぞう　http://mailzou.com/
すごワザ　http://www.sugowaza.jp/
まがいち　http://www.magaichi.com/applies/view/257/42/
無料情報ドットコム　http://www.muryoj.com/
激増　http://www.gekizou.biz/index.php

など、たくさんの種類があります。

いろいろな無料レポートスタンドを利用してしまうと、ポイントが分散してしまうので、1つの無料レポートスタンドに絞ることが大切です。

まぐまぐ！のメルマガを利用しているので、同じ系列のまぐぞうが比較的使いやすいかと思います。

まぐぞうの登録は、トップページより行えます。

また、自分で無料レポートを作成して、購読しても

らうのも効果的です。

というのも、メルマガで紹介する無料レポートは、自分のレポートでも可能であり、さらにポイントも貯まるのです。

無料レポートを作成するには、ワープロソフトとＰＤＦソフトが必要になります。有料ソフトのワードやアドビＰＤＦなどがありますが、ここでは無料ソフトのオープンオフィス http://ja.openoffice.org/　で十分です。

まず、自分の扱っている情報商材に関するレポートをまとめていきます。書く内容は「できるだけ多くの人が興味を持てること」を念頭において、わかりやすくまとめてください。

とはいっても、最初はイメージが沸きにくいと思いますので、まぐぞうにあるレポートランキングから上位の無料レポートをダウンロードして購読してみることです。

それを参考にしてまとめた内容をＰＤＦにしてから、まぐぞうのレポート登録手順に従って進めていけば完了します。

②メルマガ相互紹介を利用する

２章で述べましたブログの相互紹介と同じで、メルマガ同士でお互いに紹介し合って、読者を増やしていくというものです。メリットのある読者を手に入れるためにも、ブログ同様、同じジャンルでメルマガを発行している人にメールを送り、相互紹介を依頼します。

尚、相互紹介を依頼するメルマガは、メルマガランキングから探すと効果的です。

メルマガランキング まぐまぐ！　http://www.mag2.com/ranking/

メルマガのランキング屋さん　http://pro.que.ne.jp/magzine/mag2/

あまりに発行部数がかけ離れているメルマガだと相互紹介を受け入れてもらえないので、同じぐらいの部数を発行している人に依頼することです。

③ブログ、ＳＮＳを利用する

ここでいうブログとは、これまでに述べてきたＦＣ２ブログとは異なります。読者を増やすために新たにブログを開設するのです。この新規のブログとＳＮＳについては、この後の章で詳しく紹介していきます。

④メールアドレスの収集業者を利用する

より手っ取り早くメルマガの読者を集めたいという人には、メールアドレスを集めてくれる業者に依頼する方法もあります。

ただし、1アドレスを集めてもらうのに平均20~30円のコストがかかってしまうので、大量にアドレスを集めるとなると、それなりの費用がかかってしまいます。

しかし、それ以上に収集業者に収集してもらったメールアドレスから得られる利益はかなり多いので、お金に余裕がある人は積極的に利用してみることをお勧めします。

ちなみ、私も初めはサイトで上がった利益を利用して収集業者に依頼していました。

収集に500万円ほどのお金をかけましたが、すぐに元を取り返すことができ、5倍以上の利益を生む事ができましたので、お金に余裕がある人は利用してみることをお勧めします。

検索エンジンで「メルマガ　増加　激安」で探すと、比較的低コストでアドレスを収集してくれる業者がみつかります。

集まったメールアドレスは、まぐまぐの代理登録機能を利用して代理登録し、メルマガの読者を増やしていきます。

ちなみに**メルマガの読者が２０００人集まれば、20万円の報酬は確実**です。ただし、興味本位の読者もいるため、発行部数と読者の人数がぴったり合うとはいえませんが、まずは２０００人の読者獲得を目指すことです。

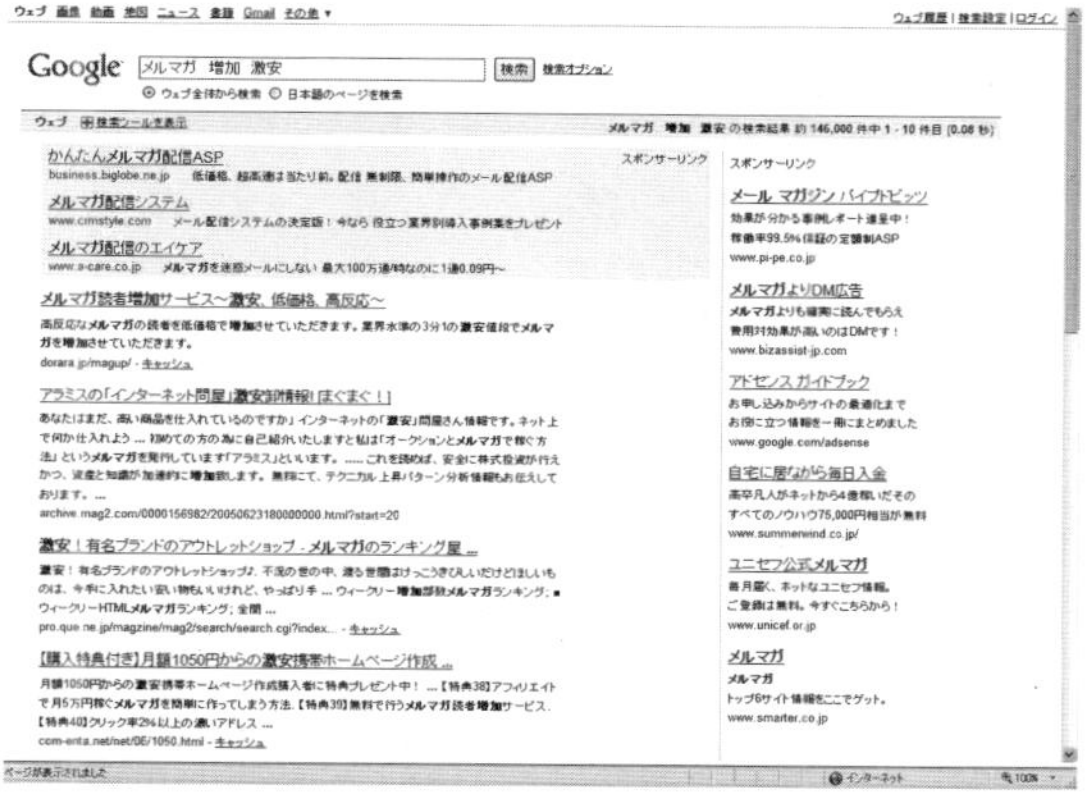

第四章
ブログ攻略法

何のためにブログを発行するのか

これから紹介するブログとは、日記のことです。第二章で紹介した、情報商材を紹介するためのブログとは異なります。

日記を書くために新しくブログサービスを利用するのです。けれど、決してめんどくさいことはありません。その方法については、後ほど詳しく紹介していきます。

なぜ、新たに**ブログを利用するかといいますと、三章で述べたメルマガの読者を増やすため**です。繰り返しになりますが、メルマガは、読者に直接情報が届くので、情報商材の販売につながりやすいのです。

では、ブログとメルマガの大きな違いはなんでしょうか？

ブログには写真を掲載することが可能です。メルマガに写真を載せることはできません。ブログで写真を掲載すると、読者はあなたのことをよりイメージしやすくなるので距離が早く縮まります。すると、信頼関係も早く築けるので、それほど時間がかからずに、情報商材の販売へと導けるのです。

どこのブログを利用すればよいのか

ブログにはたくさんの種類がありますが、ここでは、「アメブロ」http://gg.ameba.jp/　を利用します。

というのも、アメブロには、無料で簡単にアクセス数を伸ばすための機能がたくさん揃っているからです。

また、業界ナンバーワンのブログという点も大きな特徴です。多くの有名人も利用しているので認知度もあり、読者も親しみが沸きやすいのです。

残念ながら、情報商材を紹介する時に利用するＦＣ２ブログは、ＳＥＯ対策には有利ツールが揃っていますが、アクセス数を伸ばすための機能はほとんど備わっていません。

アメブロなら、誰でも毎日５００アクセス程度集めることができるのです。また、次の章で紹介しますｍｉｘｉにリンクできるのも利点です。

ブログを書く前に必要なことは

アメブロでブログを書くには、アメブロの会員に登録することが必要です。登録方法は、アメーバ会員登録ページ https://user.ameba.jp/regist/input.do の必要事項に記入します。

会員登録が完了したら、ブログを書く前に、次の2点を行ってください。

①メッセージボードに書き込む

アメブロには、記事の上に「メッセージボード」というブログの概要などを説明する箇所があります。ブログを見た際に一番初めに目に飛び込んでくる部分です。

ですので、ここに、メルマガを発行していることを表示させます。すると、あなたのことが気になった人や何度か訪れてくれた人はクリックしてくれるので、メルマガへの効果的な誘導になるのです。

また、ここには、第三章で述べた、無料レポート（自分で書いたもの）の紹介もしておきます。繰り返しになりますが、無料レポートが購読されると、メルマガ読者を増やすことへとつながります。

私の場合、メッセージボードには、メルマガ、無料レポート、情報商材の告知をしています。そこから、メ

ルマガへのアクセスや情報商材を購入してくれる人も頻繁にいます。

メッセージボードは、マイページ→ブログを書く→アメブロを書く→メッセージボードで表示されるので、そこに、メルマガと無料レポートのタイトルとアドレスを貼り付けてください。

②自己紹介を書く

ブログのなかでも重要となるのが、自己紹介です。自己紹介を詳細に書くことで、読者との信頼関係がより早く築くことができるのです。

自己紹介の欄は、細かく書き込めるようになっているので、できるだけ詳しく書き込んでください。

というのも、どんな人なのかがよくわからない相手に、人は興味を持ってくれないものです。ましてや、そんな相手からメルマガを購読したり、情報商材を買お

うとは思わないのです。

また、アメブロには写真を掲載する機能も備わっているので、必ず写真を掲載します。すると、よりあなたの存在が明らかになり、読者が親近感を抱いてくれるのです。

相手が見えないインターネット上だからこそ、できるだけ見える存在となるために、自分の詳細を明らかにし、写真を掲載した自己紹介を掲載することが大切なのです。

自己紹介は、マイページ→設定（ニックネームの横にあります）→自己紹介から書き込めます。

ブログタイトルのつけ方とは

ブログのタイトルは、できるだけ具体的なタイトルにすることが重要です。具体的なタイトルをつけることで、ＳＥＯ対策にもなるからです。そのため、ブログのタイトルを考える時は、ブログをみてもらうというよりも、**検索エンジンにいかにして引っかかるかを考えてつけること**です。検索エンジンにさえ引っかかれば、より早くアクセス数をのばすことができるのです。

ちなみに、私のブログのタイトルは「自由な時間とお金を手にして遊びまくるイカレ社長、鷲崎健二の日記」です。すごく長いわけではないのですが、キーワードとなる「自由、時間、社長、遊び、鷲崎健二」を入れ込んでいます。

アメブロのブログタイトルの文字数は、64文字が限界です。タイトルは限界まで長くつけるというよりも、できるだけキーワードとなる言葉を入れ込むことを大切です。

ただし、検索エンジンに引っかかろうとして、たとえば「FX の方法　EXILE　松井秀喜」のように、ブログに関係のない言葉を羅列してしまうと逆効果になってしまいます。

というのも、そのようなタイトルですと広告目的のサイトだと認識されてしまうので、逆に検索エンジンに引っかからなくなってしまうのです。

また、ブログタイトル以外も、日記のタイトルや本文など、できるだけ、検索エンジンに引っかかるように工夫することが必要です。そのためには、扱う情報商材に関するキーワードを入れるのはもちろんですが、日記のタイトルなら、時には旬のネタを入れ込むのも一つの手法です。

たとえば、朝青龍がマスコミで取り上げられていた時の、私のある日の日記タイトルは「横綱朝青龍は5億円を揺すられています」です。このタイトルって、ちょっと気になりませんか？

また、アメブロには、新しくブログを書くと、新着情報として表示される機能があり、日記のタイトルが表示されます。新着情報を見てアクセスしてくる人も多いので、先ほどのようなタイトルにすると、気になった人もクリックしてくれるので、自然とアクセス数が伸びてくるのです。

ですので、日記のタイトルには、キーワードとなる言葉や旬のネタを使いながら、細かく言葉を入れ込んでいくと、アクセス数が伸びやすくなるのです。

ブログはどれくらいの頻度で、どんな内容を書いたらよいのか

ブログは週2回、更新します。

メルマガを週2回発行しなくてはいけないのに、さらに、ブログまで週2回も書くとなると「ラクして稼げないじゃないか」と思うかもしれません。

もちろん、メルマガもブログも書くのであるなら、私もそう思います。けれど、何度も述べていますが「ラクして稼ぐ」が鷲崎式です。手間は一切かかりません。

では、どうするかといいますと、**ブログには、メルマガで書いた1日の出来事をコピーして、貼り付ければいい**だけです。

第三章でメルマガは週2回発行すると述べましたので、ブログも週2回の更新でいいのです。もしも、メルマガを週3回発行することにしたら、その回数に合わせて、ブログも更新することです。

「ブログなのに週2回でいいの?」という意見もあるかと思います。確かに、理想をいえば、月・水・金と1日おきのほうが、読者にとって習慣化されるのでいいのかもしれません。けれど、ブログは全く更新していない人も多いので、週2回定期的に更新していれば十分です。また、ブログを読んだ人がメルマガに登録し、同じ内容だと気付けば、定期的に届く週2

回のメルマガをしっかりと読んでくれるようになるので、より情報商材販売へとつながりやすくなるのです。

ただし、1点だけ気を付けて欲しい点があります。それは、**メルマガをコピーしてブログに張り付ける際に、その内容に関連した写真も一緒に掲載すること**です。

繰り返しになりますが、メルマガは写真を掲載することができませんが、ブログは写真を掲載することができるからです。

そのためブログには、**メルマガの記事に写真をつけて掲載**しましょう。そうすると、ブログの読者は、よりイメージが沸き興味を持ってくれるようになるので、メルマガ読者になってくれる可能性も高いのです。

そして、メルマガには「ブログには写真も掲載しています」と一言つけておくことです。そうすると「おもしろいメルマガだなあ」「ブログも読んでみよう」というように良い印象を与えることができるので、メルマガファンを増やすことにもつながります。

ブログのアクセス数を伸ばす方法とは

ここでは、アメブロに備わっている機能や、無料サイトを利用して、ブログのアクセスを伸ばす方法を紹介していきます。

①アメブロの足あと機能「ペタ」を利用する

アメブロの中には「ペタ」という、訪問履歴を残す機能があります。ペタをクリックすればブログへの訪問が記録されるというものです。

気になったブログにペタをつけると、ペタの履歴を元に相手も訪問してくれるものです。ですので、ペタをたくさん残せばユーザーがたくさん集まり、アクセスアップにもつながるのです。

1日500ペタまでつけることができるので、毎日500ペタをつけるようにしましょう。

とはいえ、一つ一つのブログをいちいち訪問していたら相当な時間がかかってしまいます。

そこで、お勧めなのが、**足あと巡回ツール**です。このツールを使うと、**ほったらかしで足あと**

をつけてくれるのです。

検索エンジンで

「アメブロ　足あと　ソフト」
「アメブロ　足あと　ツール」
「アメブロ　足あと　ツール　無料」

といれると、無料のものから有料のものまで、さまざまな足あとツールができますので、自分に合ったツールで行うことです。

②アメブロの「読者登録」機能を利用する

アメブロにある「読者登録」機能は、興味のあるブログに読者登録をすると、そのブログの更新情報がメールなどで受け取ることができるというサービスです。

読者を増やすために、まずは自分がいろいろなブログの読者になることです。ですので、同じジャンルでブログを書いている人を探して、読者になっていきます。そうすると、その読者があなたに興味をもってくれれば、今度はあなたの読者になってくれるので、アクセス数アップにつながるのです。

読者登録は、「読者になる」というボタンを押せば登録できます。

ただし、読者登録には、「相手に知らせず読者になる」と「相手に知らせて読者になる」の2つがあります。読者を増やすには、後者を選びます。というのも、相手を知らせるというのは、読者になった方のブログの「読者一覧」に、自分の名前とURLが貼ってもらえるからです。ですので、そこからもアクセスが期待できるというワケです。

積極的に同じジャンルのブログの読者になれば、おのずと自分のブログ読者も増えていくのです。

③他の人のブログに「コメント」を書き込む

ブログには「コメント」を書き込むことができますので、読者になった人や日記を読んで興味を持った人には、積極的にコメントを書き込むことです。

長い文章を書く必要はありません。ひと言でもコメントをもらった方は嬉しいものなので、そこから信頼性が生まれ、メルマガ誘導にもつながるのです。

また、コメント欄をたどっていけば、同じようなジャンルに興味を持っている人が探しだすこともできます。

ただし、これもペタと同様で、一つ一つにコメントを書き込んでいくと手間になります。そこで、コメントツールを使うのがお勧めです。検索エンジンに「アメブロ　コメント　ツール」と入れると、コメントを自動的に入れることができるツールがでてきます。

私も時間があれば、できるだけコメントを書くようにしています。小さなことですが、ちりも積もれば山となるので、やり続けることが大切です。けれど、無理をしてまでする必要はありません。気が向いたら行う程度でいいのです。

またコメントは、アクセス数の多いブログと少ないブログ、両者に書き込むことです。

アクセス数が多いブログの場合、コメントを読んでいる人も多いので、より反響があったり、つながりも増えていきます。ただし、アクセスが多い分、書いたコメントが他のコメントに埋もれてしまう可能性もあるので、ブログを書いている相手からは直接反応がないこともあります。

一方、アクセスやコメントの少ないブログにコメントを書き込むと、相手にも覚えてもらえることも多く、つながりもできやすいのです。また、広告依頼や相互紹介へとつながってきたりもします。

同じジャンルのブログにはどんどんコメントを書き込むことです。そうすれば次第にアクセス数が伸び、メルマガ読者獲得へと結びつきます。

④アメブロの「トラックバック」機能を利用する

トラックバックとは、他の人のブログ記事に、自分のブログのＵＲＬを自動的に作成できる機能です。

この機能を利用すると、いろいろな記事に自分のブログのＵＲＬが掲載されるので、ブログのアクセス数を増やすのに効果的です。

方法は、他の人が書いたブログ記事の最後に「トラックバック送信先」という欄があるので、そこに自分のＵＲＬを入力します。トラックバックを送った相手にブログが受け入れられると、ＵＲＬが掲載されるようになります。

ただし、トラックバックは、手当たり次第行っても意味がありません。自分のブログと同じジャンルのブログ記事に行うことです。そうでないと、トラックバックをされた相手も、自分の記事とは関係ないと思って受け入れてくれないからです。

また、たとえリンクを貼ってもらえても、そのブログ記事と自分のブログが関連してないと、訪問者には相手にしてもらえないのです。

自分のブログと関連のあるブログ記事にトラックバックすることが重要です。

⑤人気ブログランキングを利用する

第二章で紹介した「人気ブログランキング」http://blog.with2.net/　を利用する方法です。

この**ランキングに参加して、そこからブログにアクセスしてもらえば、効率的にアクセス数を**

伸ばすことができるのです。

人気ブログランキングは無料で簡単に登録できるので、まずは登録しましょう。また、**登録したら、そのURLをブログのメッセージボードに貼り付けます。**

というのも、ランキングは上位にくればくるほど、どんどんブログのアクセスも伸びていきます。そのため、自分のブログにもURLを貼り付けて、少しでもランキングをアップさせることが大事なのです。

また、アメブロの中にも人気ブログランキングが存在します。もちろん、ランキングに参加するのは無料ですし、1つのブログで最大2つのジャンルに参加することが可能です。方法は「ブログの設定→ランキング・ジャンル→ジャンルを二つ選択」で完了です。

他にもブログランキングサイトには「にほんブログ村ランキング」「ビジネスブログランキ

ング」などたくさんあります。いろいろなランキングサイトを利用して、ブログのアクセス数アップにつなげていきましょう。

⑥アクセスランキングサービスを利用する

アクセスランキングサービスとは、ブログに訪問してくれたリンク元（サイトやブログなど）を自動集計して、ランキング形式で表示してくれるサービスです。

アクセスランキングサービスもたくさんありますが、無料で簡単に行えるi2i.jpアクセスランキング http://www.i2i.jp/ がお勧めです。

手順に沿って登録すれば、タグが発行されるので、それをブログに貼り付けます。

アクセスランキングを設置すると、リンク元と信頼関係が築けるので、相互紹介も簡単に行えるようになります。

また、他の人のランキングに表示されると、そこからのアクセスも期待できます。

⑦あし@サイトを利用する

①では、アメブロ専用の足あと巡回ツールについて紹介しました。けれど、それだけですと、アメブロの読者に限定されてしまいます。

そのため、よりアクセスを伸ばすために、

あし@ http://www.ashia.to/

という無料サイトを利用します。

あし@は、ペタと同じように訪問履歴を残すサービスなのですが、このサイトには、アメブロをはじめlivedoorブログ、ココログなど30以上のブログが対応しています。ですので、ここに登録すると、さまざまなブログからの訪問者の履歴が残るのです。

また、あし@に登録すると、ブログに貼り付けるURLが用意されるので、それをブログのフリースペースに貼り付けておけば、いつでも履歴を見ることが可能です。

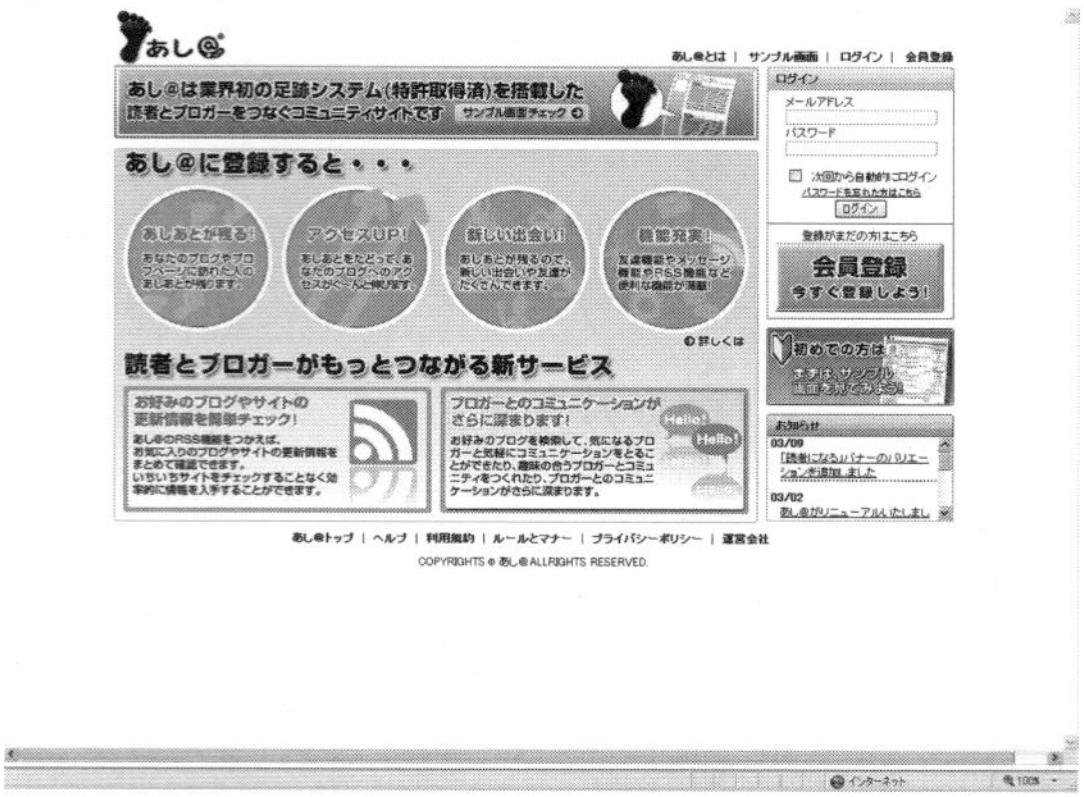

あし＠以外にも、同じようなサービスを提供しているサイトがあるので、検索エンジンに

「あし＠　ツール」

「あし＠　ツール　無料」

などと入れて、自分に合ったサイトを探してみるのもお勧めです。

⑧ブログ相互紹介を利用する

第二章のＦＣ２ブログのアクセス数を増やす方法で紹介した相互紹介（Ｐ64）と同じことです。

同じジャンルで興味のあるブログを書いている人に「相互紹介をお願いします」といった内容のメールを送り、互いのブログをリンクして、アクセス数を伸ばしていきます。

⑤で紹介したランキングサイトで上位にいる、同じジャンルのブログに相互紹介をお願いすると効果的です。

⑨トラフィックエクスチェンジを利用してアクセス数を伸ばす

トラフィックエクスチェンジとは、他の人のホームページやブログを1回訪問すると、必ず相手も1回訪問してくれるというシステムです。

つまり、他の人のブログを見れば見る程、自分のブログもみてもらえるというワケです。このシステムを提供しているサイトがいくつかありますので、検索エンジンで「トラフィックエクスチェンジ　無料」と入れ、自分に合うサイトを探してください。

トラフィックエクスチェンジには、手動巡回と自動巡回が選べます。手動巡回にしてしまうと、1件ずつ訪問しなければならないので時間がかかってしまいます。必ず自動巡回を選ぶようにしましょう。

ただ、このシステムは、多くの人が自動巡回で行っているため、アクセスは集まりますが、実際にブログを読まれることはあまり期待できません。けれど、何もしないよりはマシですし、利用方法は簡単なので、やってみる価値はあります。

⑩ソーシャルブックマークを利用する

ソーシャルブックマークとは、お気に入りのサイトやブログを「ブックマーク」「お気に入り」として登録してインターネット上で公開し、他のユーザーと共有できるサービスです。

いろいろな人がブックマークをしているサイトを見ることができるので、同じジャンルの人がブックマークしたサイトを見ることも可能です。

また、ソーシャルブックマークを提供しているサイトでは、人気の記事をランキング形式で表示しています。そのため、サイトに登録して、自分の扱っているブログがランキングの上位に入れば、多くのアクセスを集めることもできるのです。

ソーシャルブックマークのサイトも多数ありますが、人気があるのははてなブックマーク　http://b.hatena.ne.jp/　です。

以上が、ブログでアクセス数を集める方法です。

すべてを行うのが難しいという人は、できる範囲で行ってください。

繰り返しになりますが、ブログは、ブログのアクセス数を集めるのが目標ではなく、あくまでもメルマガの読者を増やすための方法です。そのことを頭に入れて実行してください。

第五章
SNS攻略法

何のためにＳＮＳを発行するのか

ＳＮＳとは「ソーシャルネットワーキングサービス」の略で、インターネット上のコミュニティ型ウェブサイトです。

みなさんご存知のｍｉｘｉのように、友人同士のコミュニケーションの場や、趣味や共通の話題を持つ人たちが、新たに知り合う場を提供するものです。いわば、インターネット上で人脈作りを支援するサービスです。

なぜ、**ＳＮＳを利用するのかというと、四章で述べたブログ同様にメルマガ読者を増やすため**です。繰り返しになりますが、メルマガは、読者に直接情報が届くので、情報商材の販売に効率的なのです。

ただし、ＳＮＳから直接メルマガに登録することはできません。というのも、ほとんどのＳＮＳが広告のＵＲＬの掲載を禁止しているからです。メルマガのＵＲＬを掲載すると広告目的だと見なされて規約違反扱いにされてしまう可能性があるのです。

そのため、ＳＮＳ↓ブログ↓メルマガ登録といった順序で誘導し、メルマガの読者を増やしていきます。

ＳＮＳを利用すれば、出会ったことのない人とメールのやりとりや、コミュニケーションをとることができるので、あなたを身近に感じてくれたり、興味を抱いてくれる人が増えていきます。そうなると、相手とより早く信頼関係を築くことができるので、ブログをチェックしてくれたり、メルマガに登録してくれたり、最終的には情報商材を買ってくれたりもするのです。

また、ＳＮＳを通していろいろな人とコミュニケーションを取ることで、自分が知らなかった情報を得たり、新着情報が手に入ったりもします。情報を交換すれば、メルマガで提供できる内容も増えてくるのです。

そして、最大のメリットは、ＳＮＳ、すなわち、**ｍｉｘｉを利用することで、情報商材の販売に確実に結びつく読者を手に入れることができる**のです。その方法につきましては、この後、説明していきます（Ｐ１２５参照）。

どこのSNSを利用すればよいのか

ＳＮＳもメルマガ同様に何種類も存在しますが、日本で最大規模の

mix　ihttp://mixi.jp/

を利用します。

ｍｉｘｉは、会員２０００万人以上、1日2億アクセスと圧倒的に利用者が多いのが特徴です。すると、それだけ知り合える人も多くなり、ブログ↓メルマガ読者も増やしやすいというワケです。

また、ｍｉｘｉの優れた点は、機能がとても充実していることです。

この後詳しく述べますが、どんな人が訪れたのかがわかる「足あと」機能や、ユーザー同士が友人として登録しあう「マイミク」など、多数の機能がありますし、自分のプロフィールも詳細に記すことができます。もちろんｍｉｘｉのどの機能を使っても無料です。

ちなみに、最近は

モバゲータウン http://www.mbga.jp/.pc/ や

GREE http://gree.jp/?action=login

といったゲーム系のＳＮＳも人気ですが、これらを利用しているのは、比較的年齢層が若い人なので情報商材の販売へはつながらないのです。

ｍｉｘｉを利用してメルマガ読者を増やす方法とは

ｍｉｘｉは会員制サイトなので、まずは登録を行います。

登録するには、ｍｉｘｉのトップページの「新規登録をする」から登録を行っていきます。

２０１０年３月１日よりｍｉｘｉの『紹介制』が廃止され、誰でも紹介者なしで利用できるようになりましたので、

いままでｍｉｘｉを利用している友人や知人がいなくて利用できなかった人も、利用できるようになりました。

ここでいうｍｉｘｉは、決して遊びではないことを根底においてください。**ｍｉｘｉは重要なビジネスツール**なのです。

では、どのようにｍｉｘｉを利用すればいいのかをお話していきます。

①プロフィールを詳細に書き、自分の写真を掲載する

ｍｉｘｉへの登録が完了したら、プロフィールを作成します。ブログ同様、重要なのがこのプロフィールです。

プロフィールには、今までどんな人生を歩んできたのか、どういうことに興味を持って、どんなことをやってきたのかなど、できるだけ詳しくまとめていきます。

また、必ず画像を掲載するようにしてください。画像は、自分の容姿でなくてもかまいませ

ん。インパクトのある画像のほうがより印象に残ったりもするものです。ほかにニックネームをつけることもできるので、印象に残るような名前をつけるのもお勧めです。

②プロフィールにブログやメルマガのURLを掲載する

プロフィールには、必ず第二章、三章で紹介したFC2ブログとメルマガのURLを掲載してください。

mixiの目的は、ブログへのアクセスにつなげ、メルマガの読者数を増やし、情報商材販売へとつなげることです。そのため、この2つのURLを載せないと意味がないのです。

ただし、先にも少し述べましたが、mixiは宣伝目的での利用は禁止されています。明らかに広告宣伝だけ

のためにＵＲＬを掲載してしまうと、プロフィールが削除されてしまいます。また、場合によってはｍｉｘｉから退会させられることもあるのです。

ですので、ＦＣ２ブログやメルマガのＵＲＬを唐突に掲載するのではなく、必ず**プロフィールの一部として自然に紹介する**ことが重要です。

③日記機能を利用する

日記機能とは、ｍｉｘｉ内で日記を書くことができる機能です。

ｍｉｘｉの日記は、改めて書いたり、メルマガをコピーして張り付けたりする必要はありません。

ｍｉｘｉには外部で書いたブログをリンクさせて、ｍｉｘｉ内の日記として公開する機能がついているからです。そのため、アメブロのブログをリンクさせればいいだけです。

方法は、ｍｉｘｉで「ログイン↓設定変更↓その他設定↓日記・ブログの選択↓アメーバーブログ」と設定します。これで、アメブロとｍｉｘｉのリンクが完了です。

ですので、**メルマガの記事さえ書けば、アメブロ、ｍｉｘｉと連動させることができる**のです。日記を３度も書くような時間と手間はかかりません。

④マイミクを利用する

ｍｉｘｉを利用する上で、この作業がもっとも重要となってきます。

「マイミク」というのは、ｍｉｘｉの利用者同士が友人関係の登録を行えるというものです。

マイミクは１０００人まで登録することが可能です。

マイミクの申請方法は、２つあります。

知人や友人であれば、相手の「マイミクに追加」というボタンを押して、「マイミクになってください」といったメッセージを書いて送信します。

また、知らない相手の場合、「マイミクになってください」といった内容をｍｉｘｉ内のメールで送ります。

両者とも「いいですよ」という返事がくれば、マイミクになることができるのです。

ちなみに、知らない人にマイミク申請をした場合は、当然断られることも多々あります。

マイミクになると、先に述べた日記が、新着情報として届く仕組みになっています。そのため、日記を読んだ人が、その人や内容に興味を抱いてくれれば、自然とメルマガ誘導へとつながるのです。

また、日記が直接届くというのは、要はメルマガ読者に直接情報が届くのと同じことです。ですので、実は**マイミクが1000人集まれば、メルマガ読者が1000人集まったと同じことなのです。**

第三章のまとめで、メルマガ読者は2000人集めたらいいと述べましたが、**マイミクが1000人集まれば、それだけで半分はクリアしたのも同然**なのです。

また、私の経験上、**マイミクが1000人集まれば、アフィリエイトで必ず5万円以上の報酬**が手に入ります。

マイミクとメルマガ読者との大きな違いは、メルマガ読者は、どういった方なのかがわからないのに対し、ｍｉｘｉではプロフィールが詳細に表示されるので、素性のはっきりしたマイミクを選別することができるのです。

そこで最も重要となるのが、このマイミク１０００人の集め方です。いくら、１０００人集まったとしても、お金のない高校生や、情報商材を買いそうもない人ばかりでは意味がありません。

ですので、１０００人のターゲットは、自分が扱っている情報商材に興味を持ってくれる人に絞ることです。また、マイミク申請する前に、相手のプロフィールやどのようなコミュニティに入っているかなども確認することです。

そうすることで、ピンポイントでメリットのある、つまり上質なマイミク１０００人を集めることできるのです。

もしも、全員が上質なマイミクでなかったとしても、１０００人の内、15～20％がそうであれば、相当な利益につながります。

また、上質なマイミクが集まれば、中には情報商材に詳しい人もいるはずなので、どういった情報商材が売れるのかといった話やアドバイス、新たな情報を教えてくれたりもするものです。

mixiを使って、上質なマイミクが集めれば、確実に利益につながるのです。

そうはいっても「マイミク1000人集めるなんて膨大すぎる……」と思うかもしれません。

けれど、**1日に10人集めれば、3ヶ月で1000人なる**のです。

「1日に100人集める」などと決めてしまうと、膨大な数のプロフィールをチェックしなければいけなくなり、苦痛になったり疲れてしまいます。なにより、続かなくなってしまいます。

また、むやみやたらにマイミク申請をしてしまうと、出会いや広告目的としてみなされ、規約違反になってしまう場合もあるのです。

けれど、1日10人集めるのであれば、プロフィールをよく吟味したとしてもそれほど時間もかからないので、苦痛になることはないのです。

鷲崎式は、あくまでも「ラクして稼ぐ」がモットーです。**3ヶ月でマイミク1000人集め**

ることを目標に取り組めばいいのです。

また、少し余談になりますが、ｍｉｘｉでマイミクを集める場合、女性のほうが圧倒的に効果があります。とくに恋愛やダイエットのジャンルですと、男性も興味を持っている場合多いので、女性からのマイミク申請は喜んで承諾してくれるものです。やはり、インターネット上でも、男性は女性からのアピールに弱いのです。さらに、プロフィールに顔写真を掲載すると、よりマイミクを集めやすくなります。

くれぐれも、マイミクは友達を増やすためのものではなく、メルマガの読者を増やして情報商材を購入してもらうための手段であることを忘れないでください。

④コミュニティに参加する

コミュニティとは、ｍｉｘｉ内で、ある話題について興味や関心を持つ人が集まって、情報交換したり、交流を深める場のことです。

いろいろなコミュニティが存在しますので、自分が紹介する情報商材に関連するコミュニティに参加することです。

コミュニティに参加すると、メンバー一覧の中に、自分のプロフィールがリンクされるので、そこからアクセスされることも多々あります。

そのため、多くのコミュニティに参加すれば、よりたくさんのアクセスを集めることができるのです。

コミュニティの探し方は簡単です。ｍｉｘｉにログインしたら、コミュニティをクリックします。すると、コミュニティ検索欄がでてきますので、そこに、扱う情報商材に関連するキーワードを入れればいいのです。

たとえば、ＦＸに関連する情報商材を扱っていたら、検索機能に「ＦＸ」と入れれば、

ＦＸを目的としたコミュニティが多数表示されます。

内容を見て「自分に興味をもってもらえる」「自分の扱う情報商材と結びつきそうだ」と思ったら、そのコミュニティに参加すればいいのです。

これも、むやみやたらに手を広げてしまうと、メルマガ誘導までなかなか結びつかなかったりします。ですので、コミュニティの内容は一度しっかり確認することが重要です。

また、コミュニティに書き込みをすると、それをたどってアクセスされることもあります。とくに５００人以上のメンバーがいるコミュニティに参加した場合、書き込みをするようにしましょう。

というのも、そのような大きなコミュニティに参加して、メンバー一覧にリンクされても、そこからのアクセスはほとんど見込めないからです。

そのため、書き込みをして自分をアピールすれば、そこからアクセス数アップも期待できるのです。

また、書き込みをして、コミュニティの人たちとの交流を深めていけば、自分に興味を持ってくれる人もでてくるので、自然とブログやメルマガへの誘導にも結びつけやすいのです。

コミュニティ探しや書き込みは、とくに時間を決めて行う必要はありません。あくまでも、自分が暇なときに行えばいいのです。携帯からもできますので、会社の行き帰りなど、ちょっとした合間に行いましょう。

⑤「足あと」機能を利用する

「足あと」機能とは、その名のとおり、自分のページを見た人の足あとが残っているというものです。「私はこのページを訪問しましたよ」という証拠で、アメブロの「ペタ」のようなものです。

足あとをたどってアクセスしてくれる人も多いので、たくさんのページに訪れて足あとを残せば、アクセスも増えてくるというワケです。

まずは同じジャンルの人のページに訪れてみることです。足あとの履歴から、その相手が訪れてくれるものです。足あとを返してくれれば、今度は相手にメールを送ります。そして、交流を深めていき、メルマガへと誘導していきます。

けれど、一件一件訪問していたのでは、時間がかかってしまうので、足あとソフトを使います。

検索エンジンに

「ｍｉｘｉ　足あと　ツール」

「ｍｉｘｉ　足あと　無料」

などといったワードを入れると、無料や有料のソフトがでてきますので、その中から、自分に合ったものを選びましょう。たくさんのソフトがあるので、最低10件はチェックすることをお勧めします。

ちなみに私の場合は、足あとを付けて、足あとを返してきた人には、次のようなメールを送るようにしています。

「足あとありがとうございます。プロフィールを拝見させていただき、大変興味を持たせていただきました。これも何かのご縁だと思いますので、これから色々な意見交換や交流ができたら嬉しく思います。

私の自己紹介に関しては、プロフィールに記載しておりますので読んでいただけると光栄です。よろしくお願いします」

こんな風に、まずは相手を褒めてから、自分のアピールをすると良い返事が返ってくることが多いのです。

ただし、絶対に、

「自分はこういったメルマガを発行しているので読んでください」

「こんなサイトを運営しているので訪れてみてください」

といった宣伝になるようなメールは送らないでください。相手を不快に思わせるだけでなく、場合よってはｍｉｘｉの利用規約に違反しているとみなされて、登録が削除されてしまうこともあるからです。

以上が、情報商材アフィリエイトを成功させるための攻略法です。

FC2ブログ→まぐまぐ!(メルマガ)→アメブロ→mixiの順で行っていけばいいのです。

まずは、毎日30分でもかまいませんので行ってみてください。難しいことは何一つありません。無理をしなくても、自然と報酬が手に入ってくるので、毎日がどんどん楽しくなってくるはずです。それが「鷲崎式」なのです。

第六章
月１００万円稼ぐための情報起業攻略法

情報起業とは

情報起業とは、自分の知識や経験、ノウハウを元に、DVDやダウンロード商材などを作って、インターネット上で販売することです。

情報起業の場合、自分で商材を作らなくてはいけないので、これまで紹介してきた情報商材アフィリエイトより、ほんの少しだけの工夫と手間が必要です。けれど、大きな利益を得ることが可能になります。

では情報起業を行うと、どんなメリットがあるかをお話します。

①情報商材を一度作ってしまえば、半永久的に収入が手に入る

情報商材アフィリエイトの場合は、新商材がでるたびにFC2ブログの内容を更新したりする必要がありますが、情報起業は、情報商材とそれを販売するホームページさえ作成してしまえば、書き換える必要はないですし、ずっと販売することが可能です。

ただし、情報商材の内容が法律の改正などによって使えなくなってしまったら、変更は必要です。

②自分で商材を作るのでオリジナル性がだせる

情報商材アフィリエイトでは、他の人が作ったものを紹介していたので、どうしても「他人のもの」という意識があったかと思います。

けれど情報起業では、自分の考えを商材にするので、オリジナリティに溢れたものを作ることができます。そのため、より多くのファンがついたり、尊敬されたりもするので、商材を購入してくれる人が増えてくるのです。

そうはいっても「自分の考えや経験を情報商材にして販売するなんて難しすぎる」と思う方もいるでしょう。けれど、自分にとっては当たり前の情報でも、他の人にとっては、全く知らないこと、もしくは必要としている情報の場合もあるのです。

たとえば、普段しているウォーキングには、痩せるための自分だけのコツがあるとします。

そのコツは、他の人は知るはずもないですし、もしかすると毎日ウォーキングをやっている人や痩せたい人にとっては、欲しい情報かもしれないのです。それがオリジナリティとなるのです。

ですので、自分の考えや知識は、情報商材にすることが可能なのです。１００人いれば、１人ぐらいは、その情報を必要としている人がいるはずです。

③情報商材がなくなることはない

情報商材アフィリエイトの場合、ライバルとなる他のアフィリエイターがたくさんいるために、新着情報の更新が遅れてしまうと、その商材がすでに売り切れていたということも頻繁にあります。

また、いくら自分がその商材を売りたくても、商材の数が限定されていたり、販売者が途中でその商材を売るのを止めてしまったら、紹介できなくなってしまいます。

けれど情報起業なら自分で商材を作るので、そういったことは絶対にありません。ずっと販売することもできますし、自分の都合で販売を中止することもできるのです。

④売り上げがすべて自分の報酬になる

情報商材アフィリエイトでは、商材が売れたうちの30～40％が報酬だったワケですが、情報起業では自分で商材を作成するので、利益はすべて自分のものになります。

また、アフィリエイターに支払う報酬のパーセンテージも自分で設定できるのです。

すべての報酬が自分のものになるので、大きな儲けになるのです。

※実際には、決済手数料などを引いた報酬が手に入ります。

情報起業には以上のようなメリットがあるのですが、どうしても情報商材アフィリエイトに比べると、準備などに時間がかかってしまいます。

けれど、準備に時間はかかっても、一度作ってしまえば、毎日ほったらかしでも半永久的に収入が手に入りますし、利益は全て自分の収入になるのです。

そう考えると、情報起業を行うのも手間ではないと思います。将来的に大きな報酬になるのは確実です。

情報起業を始める前に注意することとは

より多くの利益を上げることができる情報起業ですが、すぐに情報商材アフィリエイトと併用したり、情報起業だけを行ってしまうと、儲かるまでに時間がかかったり、失敗してしまう可能性もあります。

私自身、情報商材アフィリエイトを始めてすぐに情報起業も行ってしまったのですが、なかなか利益につながらず苦労しました。

ですので、情報起業を成功させるためには、情報起業を実行する前に気を付けて欲しい点があるのです。

まず、**絶対に信頼を得るまでは情報起業をしないこと**です。というのも、情報起業は自分で商材を作成するので、あなた自身の信頼性が一番重要となってきます。せっかく良い商材を作っても、信頼がなくては売れないのです。

今までは、他の人が作った情報商材を売るために、作成者の良い点やメリットを紹介してきたワケですが、今度は反対に、アフィリエイターに、そのような紹介をしてもらうことが必要になってきます。そのためには、アフィリエイターにも信頼されてないといけないのです。

自分に信頼性があるかどうかの目安は、メルマガの人数で判断できます。メルマガの人数が1万人を超えていれば、ある程度信頼されている証なので、情報起業を行ってもかまいません。

次に大事なのが、**自信のある情報商材が作成できるまでは販売しないこと**です。自信のない情報商材を販売してしまうと、購入した相手にもそれが伝わってしまいます。情報商材を購入している人は、いくつもの商材を買っているため、商材に対する評価がとても厳しいのです。そんな人たちに、自信のない商材を販売してしまうと見透かされてしまい、二度と購入してくれなくなります。

購入した人が損をしたと思ったら、絶対にリピーターにはなってくれません。中途半端な状態で商材を販売してしまっては、これから先のインターネットビジネスの大打撃となってしまいます。自分が納得のする内容に仕上がるまでは販売しないことです。

そのためにも、**情報商材の内容は、しっかりとリサーチして中味の濃いものにすることが大切**です。同じジャンルの商材を購入したり、本を読んだり、インターネットで調べてみることです。その際、調べたことは必ず実行してみることが重要です。とくにインターネット上の情報は間違っている場合も多々あるからです。

また、いくら大きな儲けにつながりそうだと思っても、**あなたのイメージが悪くなるものや、法に触れるような情報商材は作成しない**でください。自分の情報商材には責任を持つことです。

情報起業を行うには

情報起業を実際に行うには

①情報商材を作成する

②情報商材を販売するためのホームページを作る
③インフォカートを利用して情報商材を販売する

の手順で進めていきます。

では、これから各項目について、具体的にどういったことをすればいいのかを説明していきます。

情報商材を作成する前に決めることとは

情報商材アフィリエイトを行う際に、ＡＳＰ（アフィリエイト・インターネット・サービス・プロバイダ）と呼ばれるインターネット上の広告代理店に登録しましたが、情報起業でもＡＳＰを利用します。

情報商材アフィリエイトの時と同様に、インフォカート　http://www.infocart.jp/ がお勧めです。

というのもインフォカートには、情報商材を販売するための4つの形態が備わっているからです。販売形態には次の4つがあります。

①ダウンロード販売

ダウンロード販売とは、自分の考えや知識をまとめたものをDVDやPDFにして、ホームページにアドレスを掲載し、購入者にダウンロードしてもらうという販売方法です。

②有料メルマガ

有料メルマガとは、読者にお金を払って購入してもらうメルマガです。

たとえば、料理好きの人が「5分でできる簡単な料理レシピ」のメルマガを週に3回配信し、1ヶ月500円と設定します。そのメルマガを読みたいと思った人が購入してくれるので、その分が報酬になるというワケです。

また、有料メルマガの価格は自分で設定できるので、できるだけ高く設定してもかまいません。ただし、インフォカートの場合、登録する際の審査が厳しいので、メルマガの内容と価格が合っていないと判断されてしまうと、審査に落ちてしまいます。その場合は、再度チャレンジすればいいので、駄目もとで、高めの価格設定にするのもお勧めです。

ちなみに私は、アフィリエイトのサポート業務（裏技や簡単な方法など）を週に2回、有料メルマガにして配信しています。価格は3万7０００円で、多い時には、月30人前後の利用者がいます。

この有料メルマガだけでも、1ヶ月で、3万7０００円×３０人＝１１１万円の収入になっています。

③有料ステップメルマガ

先に述べた有料メルマガの場合、1週間に1回や2回など配信回数を決めて、その都度メルマガを書いて配信します。読者には登録後からメルマガが配信されるので、過去に配信されていたメルマガは読むことができません。

一方、有料ステップメルマガは、10～20回など、ある程度配信回数を決めておき、その回数ごとの内容をまとめておきます。読者には第1回からメルマガが配信されるので、全体を通して読むことができます。

④DVDや冊子にする

自分で作った情報商材をＤＶＤや冊子にして郵送で販売します。郵送手続きなどは、自分で郵便局などを利用して行う必要があります。

この中から私がお勧めするのは、ダウンロード販売です。なぜなら、ダウンロード販売が最もコストがかからず、簡単に行えるからです。

有料メルマガの場合ですと、その都度配信しなければいけないですし、冊子にして郵送するとなると紙や印刷代などがかかってしまいます。また、ＤＶＤにするのも、作成した情報をＤＶＤにまとめるといった作業が発生してしまいます。

ただし、ダウンロード販売にもデメリットがあります。それは、購入者がダウンロードしても、それを忘れてしまい、ほったらかしにしてしまっていることがあるのです。反対に冊子やＤＶＤですと、カタチになっているので、きちっと実行してもらえる可能性は高いのです。また、カタチになっている分、購入者にオトク感を与えます。

とはいえ、ＤＶＤや冊子にするとなると、１００単位で作らなければいけないので、どうしても在庫を抱えてしまうことになってしまいます。

どの方法にもメリットとデメリットがあるので、どういった販売形態がいいのかを検討してみることです。

情報商材のテーマを考えるうえで気をつける点とは

どのような方法で販売するのかが決まったら、次にどういったテーマ（内容）の情報商材にするかを考えいきます。

テーマを考えるうえで、次の６つの点が重要になります。

①情報商材アフィリエイトで扱ったジャンルで作成する

情報商材を作成する際、新たなジャンルで行おうとすると、そのジャンルについて一から調べたり勉強しなければいけなくなり、相当時間がかかってしまいます。

ですので、情報商材アフィリエイトで扱ったジャンルと同じ内容で作成することです。

そうすると、一から調べる手間も省けますし、今まで学んできたことが活かせます。なにより、情報商材アフィリエイトで培った販売ルート（ＦＣ２ブログ、メルマガ、ブログ、ＳＮＳ）を利用することができるのです。

②あなたの商材だからできることを考える

自分の情報商材にはできる限りオリジナリティを出すことが大切です。自分ならではの考えや経験がないかを考えてみましょう。

③型にとらわれないで考える

情報商材のテーマを考える時に、型にとらわれていてはいけません。新しい発想で考えることが、大きな儲けへとつながります。

扱うジャンルの売れている本などを購入して、実行してみることです。すると、それがヒントとなり、新たなテーマが生まれるかもしれません。

④テーマを絞り込む

ジャンルが決まっても、そのテーマが散乱していると購入者のターゲットが絞れなくなってしまいます。

たとえば、ダイエット商材に決めたとします。けれど内容が「すぐ痩せる話」や「ゆっくりときれいに痩せる方法」など、いろいろな痩せ方を紹介してしまったら、ターゲットが絞れず、なかなか売れなくなってしまうということです。

最初はいろいろなテーマを出して、その中から絞り込んでいくことが大切です。

⑤テーマが決まらない場合は、インフォカートランキングを利用する

先にテーマを絞り込むと述べましたが、初めて情報商材を作るので、なかなかテーマが絞りきれないかもしれません。

その場合は、

インフォカートのランキング http://www.infocart.jp/

を利用します。

インフォカートのランキング上位の中から、扱うジャンルと同じ情報商材を探して、いくつか購入してみることです。

「コストがかかる」と思うかもしれませんが、情報起業にチャレンジする時点で、これまでの利益が必ずでているので、投資だと思って情報商材を購入してみましょう。

私自身、情報商材を作る時には、必ず３種類ほどは購入するようにしています。情報商材を購入して、わかりやすいと思った人がいれば、その人が提供するシリーズや新たな商材を購入してみることです。良い商材を作る人は、たいてい他の商材もよくできているので、参考になるはずです。反対に、一度購入して、内容がイマイチだと思ったら、二度と買わないことです。

購入した情報商材は、テーマを絞るうえでヒントにするだけでなく、書き方なども参考にしてください。

テーマが決まったら、その内容を情報商材の販売形態に合わせて、まとめています。その際に注意することは、要点だけをまとめて、わかりやすくすることです。とくに情報商材のページ数などは決まっていないので、ダラダラと書く必要はありません。

情報商材の価格を設定するうえで注意することとは

情報商材の価格も自分で設定します。情報商材の価格によって利益率が変わってくるので、価格設定はとても重要です。

情報商材の価格は、安く設定したほうがそれなりに売れるのですが、そうするといくら売れても大きな利益にはなりません。また、1度安く設定してしまうと、次に情報商材を販売した時に価格を上げてしまったら、今度は売れなくなってしまいます。

そして何より、あまりに価格を安くしてしまうと、その情報商材を作成した人の価値も下がってしまいます。

ですので、情報商材の安売りは絶対にしないことです。始めは少し高いと思うぐらいに設定してかまいません。1～2万円がお勧めです。その分、中味の充実した情報商材を作ればいいのです。

どうしても設定した価格で売れない場合は、「限定」「今だけ」といった言葉をつけて若干価格を下げる方法もあります。

また、４万円以上の情報商材は統計的にも売れないというデータがでているので、４万円以上には設定しないことです。

ホームページのセールスレターを作成する時のポイントとは

情報起業では、作成した情報商材を販売するためのホームページが必要です。ホームページがないと、先に述べたインフォカートを利用して情報商材を販売することもできないからです。

情報商材が完成したら、ホームページを作る前に、ホームページのセールスレター（情報商材を紹介する文章）を作成します。自分の情報商材が売れるかは、このセールスレターにかかってきます。

ですので、ここではセールスレターを作成する時のポイントを紹介していきます。

まず、**誰にでもひと目でわかるタイトルにする**ことです。ホームページが開いた時の第一印象が大事ですので、とにかくインパクトのあるタイトルにしましょう。また、購入者が理解しやすいように、タイトルは情報商材と同じにするのがお勧めです。

ちなみに私は「誰でも6時間で…30万円稼ぐ方法 全額返金保障付き」としています。

また、先ほどテーマを決める際に、同じジャンルの人の情報商材を参考にと述べましたが、タイトルに関しては、全く違うものにしてください。似たようなタイトルにしてしまうと、同じ商材を販売しているホームページだと思われて購入してもらえなくなるからです。

同じような情報商材を販売していても、違う観点からタイトルを考え、決して似かよったタイトルはつけないことです。

タイトルが決まったら、いよいよセールスレターを書いていきます。

最も大切なのは、**自分の情報商材のターゲットを想像して書いていくこと**です。そうすることで、より相手に内容が伝わりやすくなるのです。

ホームページに書く内容は次の７つです。

①あなたの情報商材を購入したら、どのような結果になるのかを書く

第二章のＦＣ２ブログで紹介した手法と同じです。

セールスレターを見た人は、その商材の内容は理解しても、その商材を買ったらどうなるかまでは想像していません。

そこで、情報商材を購入したらどうなるかを書くと、より購買意欲をそそるのです。

ちなみに私の場合は、６時間で30万円稼ぐ方法を紹介しているので
「家族で海外旅行に行こう」

「家族で美味しいものを食べに行こう」

「ＴＶをプラズマＴＶに買い換えよう」

「冷蔵庫を買い換えよう」

「新しいパソコンを購入しよう」

というように、30万円を手にしたらできることを具体的にまとめています。

②あなたの情報商材を購入するメリットを書く

他の人が似ている情報商材を売っている場合もあるので、あなたの情報商材を購入するメリットを書いていきます。

また、他の人との違いをアピールするために、自己紹介を簡単にまとめておきましょう。

③どういった人があなたの情報商材に向いているかを書く

「副業で行う人に向いている」
「1日30分しか時間がない人に向いている」
「子育て中の主婦の人に向いている」
「今すぐ痩せたい人に向いている」

など、あなたの情報商材がどんな人に向いているかを書いておきます。すると読んだ人は、その情報商材が自分に向いていることを確信するので、より購入率が上がるのです。

④今までの実績を書く

これまでの情報商材アフィリエイトで得た実績を書いておきます。作成した情報商材は、情報商材アフィリエイトと同じジャンルなので、これまでの実績が活かされるのです。実績が掲載されていると信用度が高まるので、商材は売れやすくなります。

「情報商材アフィリエイトで○○○個売り上げました」など、具体的な数字を入れて紹介するとより効果的です。

ただ、どうしても実績がないという人は、なぜ、その情報商材を作成したのかについて書いておきます。

たとえば「○○○という経験をしているのでこの情報商材ができたのです」といった類です。

このように記しておけば、その情報商材がいい加減なものではないことが伝わるので、信用性が生まれるのです。

また、実績や経験を紹介する際に、画像も一緒に掲載すると、より信頼度がアップします。

⑤購入者の声を手に入れて掲載する

信頼性を高めるには、購入者の声を記載するのが最も効果的です。

とはいえ「まだ情報商材を販売してないのに、どうすればいいの?」とお思いかもしれません。

購入者の声を手にするには、これまでの情報商材アフィリエイトで利用したｍｉｘｉのマイミクを活用します。

この時点でマイミクは１０００人いるはずですので、マイミクに、作成した情報商材を無料配布します。すべての人に送ると無駄になってしまうので、信頼関係のある10～20人に送ります。

その際に「実行した感想を書いて送ってください」と記しておくと、ほとんどの人が感想を送ってくれるのです。

なぜなら、人は無料でもらったものに対しては、それほど文句は言わないものです。むしろ褒めてくれるのです。

また、マイミクに無料配布するのがめんどくさければ、メルマガの読者に「先着○○名で、情報商材を無料配布します。その際の条件として、情報商材の感想を書いてください」といったような内容で送ります。すると、実際に情報商材を使った人は必ず感想を書いて送ってくれるものです。

より信頼度を高めたければ、その感想を直筆で書いて送り返してもらいます。そして、その直筆を写真で撮って画像にして掲載すればいいのです。

⑥有名人の声を手に入れて掲載する

ここでいう有名人とは、情報商材を扱っている人の中で、メルマガの部数が15万部ある人、インフォカートやブログのランキングで常に上位にいる人のことです。テレビに出ているような芸能人のことではありません。

「○○さんも推薦してくれています」「○○さんのお墨付きです」というように、有名人の声を掲載すると、信頼性が高まるので売り上げにも効果的なのです。

有名人の声を手に入れるためには、同じジャンルの有名人にメールを送ってみることです。意外と返事が返ってきて、互いに感想を交換できたりします。

なぜなら有名人の方でも、同じジャンルの人の感想はメリットになりますし、また、互いにアフィリエイトを行えば利益にもつながります。要はこれまでに述べた相互紹介のようなものです。

⑦あなた自身が情報商材を利用し、その結果を画像にして掲載する

実際に自分の情報商材を利用して、その結果を画像にします。

たとえば、ダイエット関連の情報商材なら、ビフォー・アフターの写真を撮って掲載すればいいのです。また、お金儲けの情報商材なら、これだけ儲かったから車を買ったということが伝わるように車の写真を載せる、恋愛の情報商材ならカップルになった写真を掲載するとよいでしょう。

情報商材を利用した結果を画像にして掲載すると、一段と信頼性が高くなります。

⑧購入後のサポートの有無を掲載する

情報商材を販売後、サポートをするのかしないのかを決めて、その有無を記しておきます。
もし、メインの仕事が忙しいのでサポートが難しそうだと思ったら、無理をして行う必要はありません。逆に、そんな状態で「サポート有り」としてしまって、いい加減な対応をしてしまったら、信頼度がなくなり、リピーターになってくれなくなります。

⑨どういった人はお断りなのかを記載する

クレーマー対策として、最後に「○○○のような人はこの情報商材を購入するのには向いていません」といった一文をつけておきましょう。

ホームページに必要な項目とは

セールスレターの他に必要な項目は

■特定商取引に関する表記

■個人情報保護法に関する表記

の2つです。

これらを作成するには、同じような情報商材を販売しているホームページを参考にしましょう。

特定商取引に関する表記の中には、名前、住所、電話番号、メールアドレスなどが必要になってきます。個人で販売するのだから、そのような情報は公開したくないという人もいるかもしれません。けれど、法律上の必要事項ですので、必ず記載してください。また、ペンネームは使えないので、必ず本名を記すことです。

個人情報保護法に関する表記は、厳しくなっていますので、利用目的や個人情報保護方針などをしっかりと記載してください。

以上がホームページに必要な項目になります。

トップページにセールスレターを記載し、ほかの２つの項目はトップページからリンクさせるようにします。

ホームページの作成法とは

各ページに掲載する文章が作成できたら、次にホームページを作っていきます。

ホームページを作るには、自分で作る方法と外注する（プロに依頼する）方法があります。

自分で作る場合は、ホームページ作成ソフトを使うと簡単です。ホームページ作成ソフトにもたくさんの種類がありますが、ホームページ・ビルダー10が、初心者にも使いやすくお勧めです。解説書もでていますので、それらを読んで作成してください。

ただし、ホームページは半永久的に使うので、ここは思い切って外注するのもお勧めです。

そうすると、時間も削減できますし、クオリティの高いホームページに仕上がります。

ホームページができたら、次にホームページを設置するためのサーバーを借ります。レンタルサーバーにもいろいろありますが、月額料金が安いさくらレンタルサーバー http://www.sakura.ne.jp/ がお勧めです。

また、検索エンジンでひっかかりやすくするためには、必ず独自ドメイン（インターネット上の住所のようなもの）が必要です。さくらレンタルサーバーなら、独自ドメインを取得することも可能です。

ドメインには、オールドドメインといって、誰かが以前使用していたドメインを購入して使うこともできます。オールドドメインの場合、過去に使われていたので検索エンジンにひっか

かりやすく、最初からスムーズに運営することが可能です。

オールドドメインは

VALUE-DOMAIN.com の

ドメインオークション http://www.value-domain.com/index.php　で購入できます。

また、検索エンジンに「オールドドメイン」と入れると、数件サイトがでてくるので、そこからも購入可能です。

ドメインが獲得できたら、最後に、ＦＦＴＰソフトを使って、ホームページを公開します。

このソフトは、インターネット上に無料で配布されているソフトなので、ダウンロードしてインストールすればいいだけです。

これで、ホームページは完成です。

情報商材が売れるために行うこととは

最後に、情報商材が売れるための方法を紹介します。

まず、**ホームページのＳＥＯ対策を行ってアクセス数を集めていきます。**ＳＥＯ対策は、第二章のＦＣ２ブログのアクセスを集める方法で紹介した内容（Ｐ63参照）と同じことを行ってください。

次に、情報商材を売るための宣伝を行います。ここで行ってもらう宣伝は基本的に有料になるので、この点が情報商材アフィリエイトとの大きな違いになります。ただ、情報商材アフィリエイトで得た利益を使えばいいので、マイナスにはならないはずです。宣伝方法は次の３つです。

①自分のメルマガとブログを利用する

情報商材アフィリエイトをする際に作ったアメブロやメルマガで、自分の情報商材を宣伝します。情報商材アフィリエイトを通して知り合った人は、あなたのことを信用しているので、かなり有効です。また、そういった人がメルマガやホームページを持っていれば、そこでも紹介してもらえるように依頼します。この方法は無料で行えます。

②メルマガに広告を掲載する

同じようなジャンルのメルマガに、情報商材の広告を掲載します。メルマガによって異なりますが、安くて2万円、高いものだと15万円程度の広告掲載料金が発生します。

同じジャンルとはいえ、すべてのメルマガに広告を載せていたら、膨大なコストがかかってしまいます。

そこで、同じジャンルでもできるだけ発行部数が多いメルマガに掲載するようにしてください。発行部数が少ないメルマガに掲載してしまうと、費用だけかかってしまい、情報商材の販売へはつながりにくいからです。

メルマガに広告を掲載したにも関わらず、ほとんど購入されなかったら、広告を掲載したメルマガがよくなかったと思い、別のメルマガに掲載するようにしましょう。

また、費用はかかりますが、情報商材と関連した内容の雑誌に広告を載せるのも一つの方法です。

③検索ネットワーク広告をだす

検索ネットワーク広告とは、ヤフーやグーグルで検索をかけた時に、検索結果の上などに表示される広告のことです。ＰＰＣ広告やリスティング広告とも呼ばれます。キーワードの入札単価とクリック数で料金が決まり、入札単価は自分で設定します。

検索ネットワーク広告をだすには

グーグル・アドワーズ

http://www.double-dream.co.jp/marketing/adwords.html

オーバーチュア　http://listing.yahoo.co.jp/

の２つに申し込みます。ちなみに、グーグルの検索ネットワークがグーグル・アドワーズ、ヤフーがオーバーチュアとなります。

グーグルは世界で一番大きな検索サイトですし、ヤフーは日本で一番検索利用率が高いので、この2つで十分です。

両者とも申し込みガイドに従って入力すれば設定できるのですが、その中で**重要となってくるのが「キーワード入力」という欄**です。

ここには必ず自分の情報商材に関する文字を入力してください。

たとえば、ダイエットに関する情報商材なら

ダイエット・痩身・リバウンド・スリム・脂肪燃焼

といった文字を入力します。

自分の情報商材に関する文字を入力しないと、クリックされるたびに広告費は支払っているのに、情報商材販売にはつなが

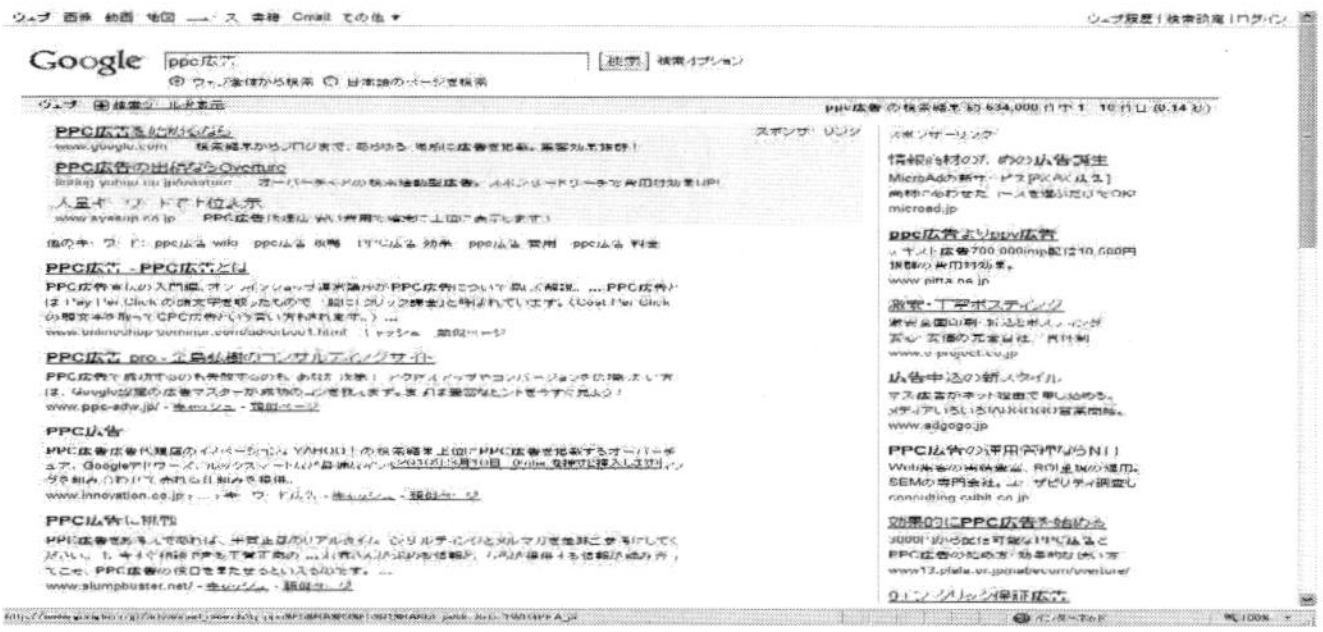

りません。

キーワードは1円から設定できるのですが、入札制なので、人気のある文字は料金が高くなり、人気のない文字は低くなります。また、広告が表示される時に、設定金額の高いものからメイン（左上）に並び、その他は右側に表示されます。

そのため、人気のキーワードを入力し、その文字の価格単価を上げれば、メインに表示されるので、クリック率も高くなるのです。

とはいえ、あまりに高額に設定してしまうと、費用ばかりがかさんでしまうので、自分の情報商材が売れた時の利益を考慮して設定することです。

④実績のある人に宣伝してもらう

メルマガの発行部数が多い人やメルマガランキングの上位の人など、同じジャンルで実績のある人にメールを送って、自分の情報商材を宣伝してもらいましょう。

この他に重要となってくるのが、**アクセス解析**です。アクセス解析とは、ホームページを解析して閲覧者の情報や傾向を知らせてくれるサービスです。

アクセス解析をすると、ホームページにはどんな人が訪問し、どんな言葉で検索されているのかもわかるので、検索ネットワーク広告をだす時にも役立ちます。

アクセス解析のサイトはたくさんありますが、これまでにＦＣ２ブログを使っていたので、同じＦＣ２が運営している

FC2アクセス解析 http://analysis.fc2.com/

がお勧めです。

ほかに

忍者アクセス解析　http://www.ninja.co.jp/analyze/

も有名です。

設定方法は、ユーザー登録をして手順に沿って入力すれば行えます。設定が完了するとＵＲＬが送られてくるので、それをホームページに貼りつければいいだけです。

また、**自分の情報商材を売るためには、情報商材アフィリエイトを行ってもらうことも大切**です。

そのためには、インフォカートに自分の情報商材を登録します。紹介料のパーセンテージは自分で設定できます。その際に、まず実績を作りたいと思えば、ある程度高めのパーセンテージに設定しましょう。パーセンテージが高いほど多くの人が紹介してくれるので、売り上げにも効果的なのです。

またインフォカートには、自分の情報商材のアフィリエイターたちに、一斉にメールを送ることができる機能が備わっています。

ですので、そのメールに、自分の情報商材の宣伝を書いて送ることです。その際に、情報商材の要点をまとめた紹介文をつけたり、画像を貼ったりなど、アフィリエイターがあなたの情

報商材を紹介しやすいような内容を記しておくのです。

するると、アフィリエイターもコピーをすれば簡単に行えるので、必ず紹介してくれます。これまで自分がやってきた情報商材アフィリエイトの知識を活かせばいいワケです。

以上が情報起業を成功させるための攻略法です。

情報商材やホームページのレベルにもよりますが、すべてを行って起動にのるまでは、約３～４ケ月はかかります。けれど、最初にも述べましたが、一度作ってしまえば半永久的に儲かるシステムなので、ぜひ挑戦してみることをお勧めします。

第七章
月500万円稼ぐ為の有料会員コンテンツ攻略法

有料会員コンテンツを運営するメリットとは

最後に簡単に有料会員コンテンツについて紹介しておきます。

有料会員コンテンツとは、毎月決まった料金を徴収する会員制のサイトのことです。パスワードとＩＤで利用できる会員制のホームページや携帯サイトがありますが、それを自分で作って運営していきます。

有料会員コンテンツを運営するメリットは、**会員から毎月決まった金額を徴収することができる**点です。

会員制コンテンツの場合、会員が登録したことを忘れてしまったり、解除がめんどくさいといった理由から、一度登録すると解除することはほとんどないのです。

ですので、ある程度会員数が集まれば、半永久的に毎月決まった収入を手にすることができるのです。そのため、結果としては情報起業よりも大きな儲けになります。

また、これまでは、会員だけのコンテンツというと、運営方法が複雑なため大手の会社しか持てませんでした。

けれどここ最近、インフォカートをはじめ多くのＡＳＰがそういったシステムを備えるようになったので、個人でも有料会員コンテンツの運営ができるようになったのです。

有料会員コンテンツを運営する手順とは

有料会員コンテンツを運営するためには

①会員コンテンツを作成する
②ホームページを作成する
③インフォカートの会員課金サービスを利用する

の手順で行っていきます。

手順は情報起業の時と同じです。ただし、また新たにホームページを作成する必要があります。会員限定のページにしたり、面倒な手続きなどは、インフォカートの会員課金サービスを利用すれば、すべて行ってくれます。

有料会員コンテンツを作る際、注意しなければいけない点は、**違法なサイトにしないこと**です。もちろん自ら違法なサイトにしようなどと思っている人はいないと思うのですが、知らずに行っていたことが実は違法だったということが時々あります。

たとえば、会員だけの限定サービスを提供しようと思って、有名人の画像を掲載したり、メジャーな音楽を配信したとします。でもこれは、著作権という法にひっかかってしまうので、違法なサイトとみなされてしまいます。

違法なサイトにならないように、くれぐれも注意することです。

どのような有料会員コンテンツにすればよいのか

有料会員コンテンツを作成しようと思ったら、次の３つについて考えてみましょう。

①自分が提供できるコンテンツは何かを考える

まずは、どういったコンテンツが提供できるのかを考えてみることです。もちろん、今まで行ってきた情報商材アフィリエイトや情報起業と同じジャンルがベストです。

けれど、より有効な情報を提供しないと、有料会員コンテンツは成り立ちません。

たとえば、ダイエットのジャンルでこれまで行ってきたら、今までの内容に加えて、ダイエット食のレシピや食欲が軽減する音楽を配信するなど、もう一歩踏み込んだ内容を考えてみることです。

②ニーズがあるかを考える

自分が提供しようと思っているコンテンツは、はたして需要があるのかを一度考えてみましょう。

会員はお金を払ってそのコンテンツを閲覧するので、よほどそのコンテンツに魅力がないと会員にはなってくれないのです。

メルマガやブログ、ｍｉｘｉなどを利用して、ニーズがあるかを確認してみるのもいいでしょう。

③無料のコンテンツとの差別化を考える

無料で利用できるコンテンツは、数えきれないほど存在します。そんな中で、有料のコンテンツを作るのですから、相当なメリットがないと会員にはなってくれないものです。

まずは、会員にどんなメリットが提供できるのかを考えてみましょう。

コンテンツができあがれば、ホームページの作成法は第六章で説明した情報起業の時と同じです。

また、重要となる宣伝方法に関しては、第三章～第六章で紹介した方法に基づいて行っていけばいいので、確実に会員は集まります。

安定した高額な報酬を手に入れたい人は、ぜひ行ってみることをお勧めします。

おわりに

いかがでしたでしょうか？

あなたにも、ご満足いただける内容でしたでしょうか？

この本を書くにあたって正直なことを言いますと、

「こういった内容を公開していいものか」と迷いました。

なぜなら全てを公開してしまったら、この本を読んで実行された方が私を追い越してしまうのでは……と思ったからです。

また、多くの方から「本当にこんなにお金を稼ぐことができる方法を公開していいの？」と大反対もありました。

けれど、こんな私でさえ、インターネットビジネスを始めたことで、これだけ稼げるようになり、不安でお金のない生活から抜け出すことができたのです。
ですので、私の実践してきた方法をお伝えすることで、過去の私のように、仕事や毎日の生活に不安を持っている人の手助けになるかもしれないと思い、その方法を1冊の本にまとめることにしたのです。

もしも、この本を読んで私に興味を持ってくれたならば

メルマガ「鷲崎革命■サラリーマンの年収を1ヶ月で稼ぐ方法」
http://www.mag2.com/m/0000278202.html
運営サイト「鷲崎学園～初心者の為のインターネットビジネススクール～」
http://kj-nc.com
ブログ「自由な時間とお金を手にして遊びまくるイカレ社長、鷲崎健二の日記」
http://ameblo.jp/kj2000/

mixi　http://mixi.jp/show_profile.pl?id=15765679
をのぞいていただければと思います。

私はこれほどに、無理なく、ラクに稼げる方法は、鷲崎式しかないと確信しています。
あとは、あなたが行動するか、しないかだけです。
この本通りに行えば、必ず月28万円は確実に稼げるのですから。

それでは最後になりましたが、ここまで本を読んでいただき、誠にありがとうございました。
この本を通して、インターネットビジネスの素晴らしさ、お金儲けの楽しさを知っていただければ嬉しく思います。そして、あなたの暮らしが少しでも豊かになることを願っています。今度は、インターネット上でお逢いしましょう。

鷲崎健二

この本がきっかけになって、世の中の人が少でも豊かな生活を手にしてくれれば嬉しく思います。

私は、この本で世の中の人が豊かになることを望んでいるので、本の売り上げの一部は、NPO法人日本救援衣料センターを利用して、物資として被災地に送る事にしました。

NPO法人日本救援衣料センター　http://www.jrcc.or.jp

■購入してくれた人のお金は、世界の人達に為に使わせていただきます。

本を出したり、ボランティアをしたりすると、「偽善者ぶるな」とか言われるかもしれません。でもこの本がきっかけとなり、一人でも多くの人が、今より豊かな暮らしを手に入れることができ、世界の困っている人が救われるなら、今回の本を出した意味はあるかなって考えています。

また、

■本だけでは内容がわからないので動画で公開してくれませんか？？

■本よりももっと多くのお金を稼ぐ方法はありませんか？？

と言う人の為に、この様な教材を販売させていただくことにしました。

鷲崎式　無料で月３１５万円安定収入マニュアル　販売ページ：http://315man.com

教材では、

■本の内容を動画で解説させていただきます。

■本に紹介されている詳しい手順を動画で公開させていただきます。

本と言う形では、どうしてもわかりやすく説明をするには限界があります。ですので、本では紹介す

ることができなかった、細かな手順、詳しい操作方法を動画で紹介させていただくことにしました。

また、本以上にしっかりとした収入を稼ぎたい人の為にさらに内容を濃くし、数多くの特権を付けさせていただきます。

発売日は、２０１０年７月を予定しています。

販売の告知はメルマガでさせていただきますので、よかったら登録しておいてください。

【メルマガ】

鷲崎革命■サラリーマンの年収を1ヶ月で稼ぐ方法

http://www.mag2.com/m/0000278202.html

さらに、さらに、もっと詳しくサポートをしてほしいと言う人の為に、希望者のみ（限定50名）

鷲崎学園　初心者のネットビジネススクール http://kj-nc.com でサポートもさせていただきます。

本を購入したあなた自身が、今の生活より豊かな生活ができるようになる為に、私ができる協力はおしみなくさせていただきます。

私は、あなた自身が幸せになることと、世の中が幸せな人で満たされることを心より願っています。この本がきっかけになって一人でも多くの人が幸せになり、世の中が少しでも明るくなれば、とても嬉しく思います。

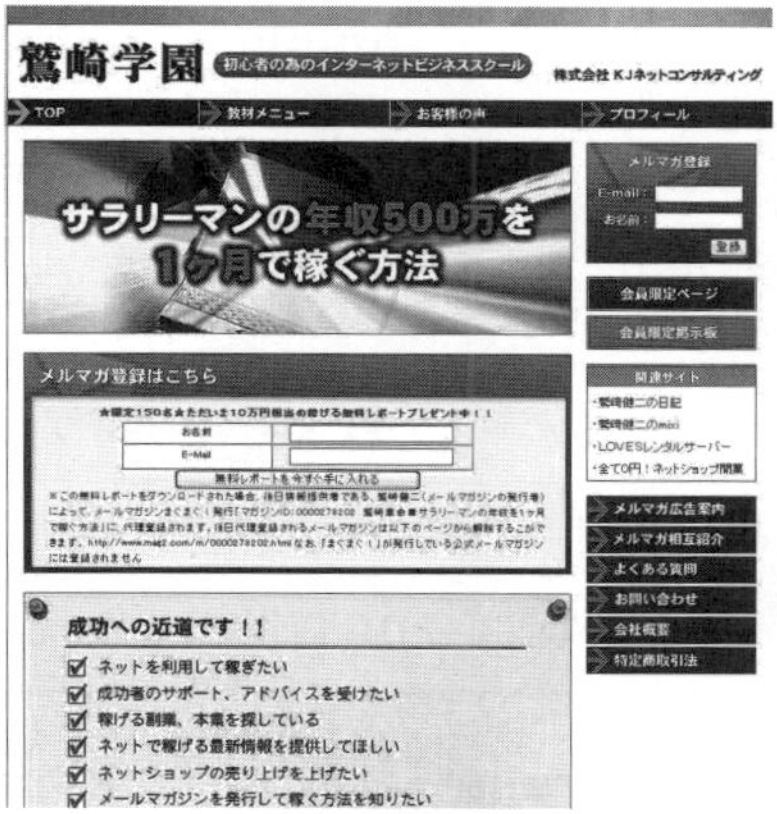

毎日5分で月に28万円稼ぐ方法!!

第一刷発行	2010年6月8日
第二刷発行	2010年6月25日
著者	鷲崎健二
発行者	田中規之
発行所	JPS出版局 e-mail:jps@aqua.ocn.ne.jp FAX:0463-76-7195
発売元	太陽出版 東京都文京区本郷4-1-14 TEL:03-3814-0471 FAX:03-3814-2366
印刷・製本	株式会社リーブルテック
編集協力	株式会社ティーブレイン

 ISBN978-4-88469-669-6

【袋とじ】

袋とじとして、50000円相当の教材を
無料プレゼントさせていただきます。

無料プレゼント

← 《ハサミやカッターなどできれいに切ってね》

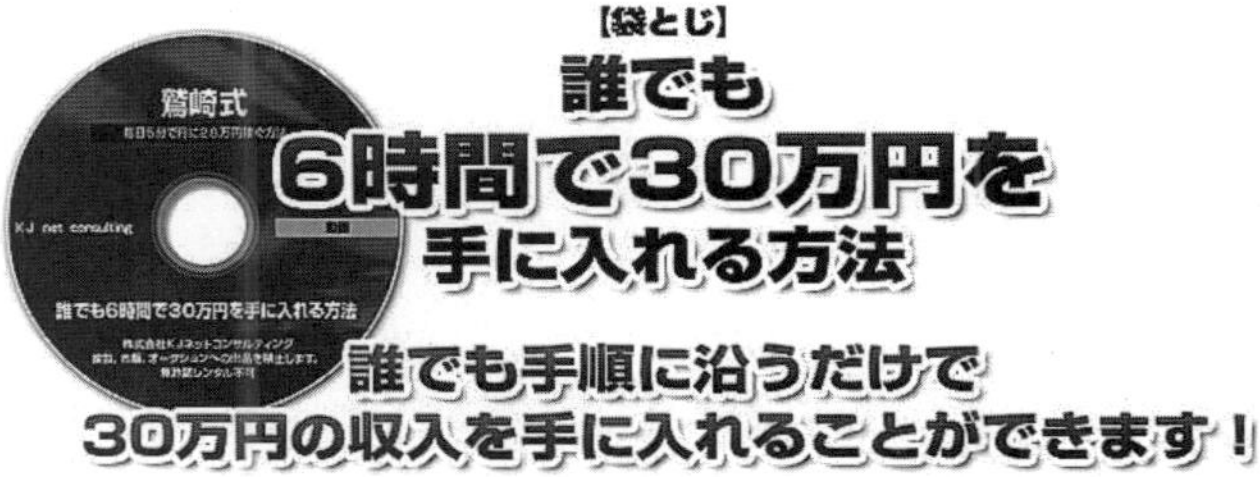

▼ダウンロードはこちらから▼

http://susakisiki.com

ユーザー名：susakisiki
パスワード：10030119

【ダウンロード手順】

① http://susakisiki.com にアクセスして
【購入者無料プレゼント】をクリックします。
②上記のユーザー名、パスワードを入力します。
③購入者無料プレゼントページより教材をダウンロードします。